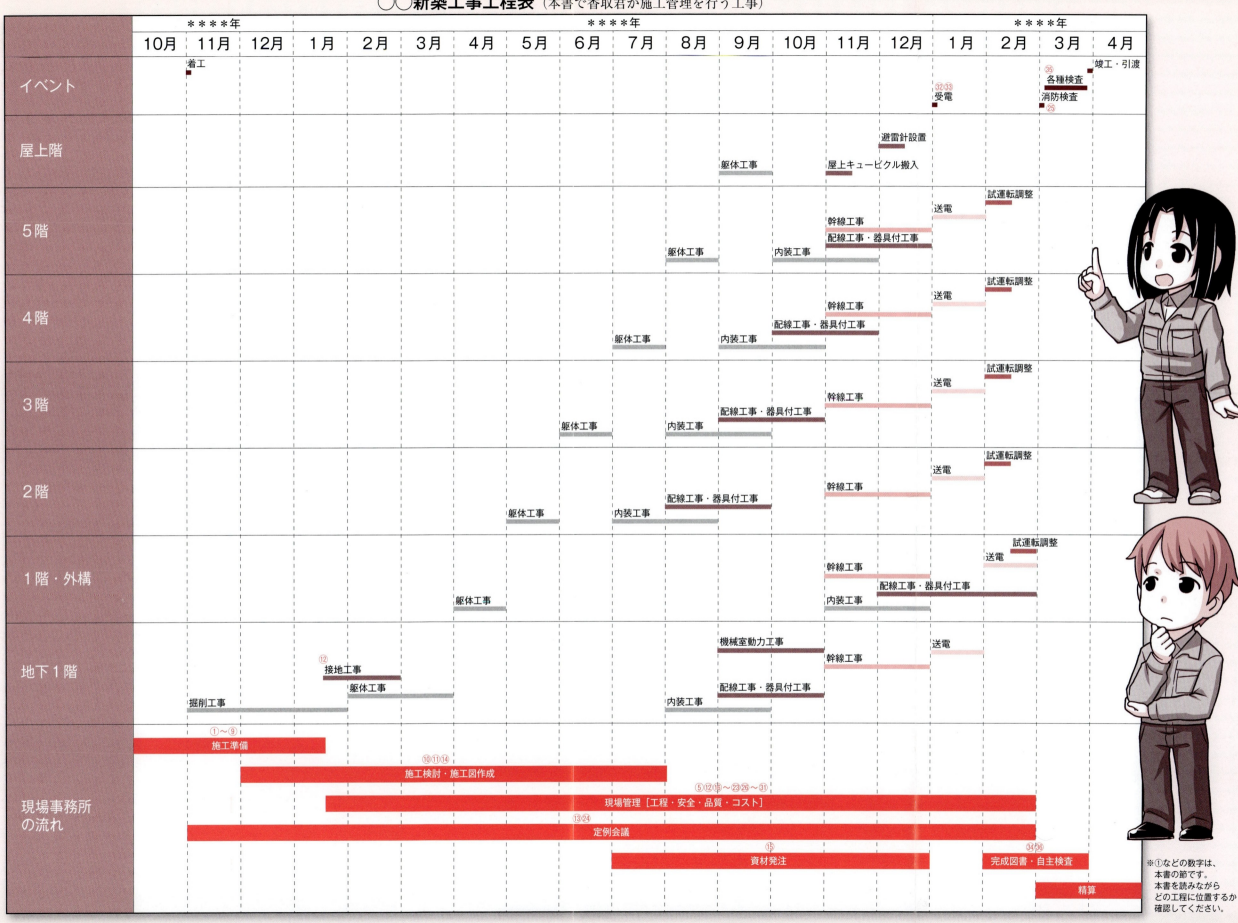

現場がわかる！電気工事
現場代理人入門
―香取君と学ぶ施工管理のポイント―

志村 満 著

Ohmsha

本書を発行するにあたって，内容に誤りのないようできる限りの注意を払いましたが，本書の内容を適用した結果生じたこと，また，適用できなかった結果について，著者，出版社とも一切の責任を負いませんのでご了承ください．

本書は，「著作権法」によって，著作権等の権利が保護されている著作物です．本書の複製権・翻訳権・上映権・譲渡権・公衆送信権（送信可能化権を含む）は，著作権者が保有しています．本書の全部または一部につき，無断で転載，複写複製，電子的装置への入力等をされると，著作権等の権利侵害となる場合があります．また，代行業者等の第三者によるスキャンやデジタル化は，たとえ個人や家庭内での利用であっても著作権法上認められておりませんので，ご注意ください．

本書の無断複写は，著作権法上の制限事項を除き，禁じられています．本書の複写複製を希望される場合は，そのつど事前に下記へ連絡して許諾を得てください．

(社)出版者著作権管理機構
（電話 03-3513-6969，FAX 03-3513-6979，e-mail: info@jcopy.or.jp）

JCOPY ＜(社)出版者著作権管理機構 委託出版物＞

はじめに

　この本は電気工事の現場代理人の入門書として作成したものです。初めて現場代理人になった香取君が奮闘しながら、一現場終えた頃には、頼もしい現場代理人に育っていく物語です。技能工がプレイヤーであれば、現場代理人は技能工を通して物を作っていくマネージャーです。現場代理人の仕事はマネジメントであり、この本ではさまざまなエピソードを読みながら、施工マネジメントの基本を学んでもらうことを目的としています。

　現場代理人の使命は、請負契約を遂行し、設計図書の品質を、実行予算の範囲内で、完成日までに、無事故で達成することです。品質管理、原価管理、工程管理、安全管理が、施工マネジメントの４大管理になります。現場代理人として専門知識や施工管理力が必要ですが、最も大切なことは、現場代理人としての「責任感」と「自覚」です。香取君も仕事の中で、次第に責任感と自覚を身につけていきます。

　現場には、仕事をいっしょに進める関係者がいますから、現場内のコミュニケーションとチームワークも大切です。香取君も協力会社の電工とは、パートナーとして協力し合って仕事を進めています。また、元請や関連業者とうまくコミュニケーションをとり、仕事の前倒しや調整をして有利な条件に持っていくことは、現場代理人の重要なスキルの一つです。香取君はちゃっかりと、関連業者に頼みごとをしてしまったりしています。

　この本によって、現場代理人としての施工マネジメントの基本と、周囲の関係者との対応の両輪を学んでもらえれば、とてもうれしく思います。どちらが欠けても、現場代理人の仕事はスムーズに進みません。

　最後に、この本を作成できたのは、(株)オーム社「電気と工事」編集長の木本明宏氏、電気工事の情報提供をしてくれた現(株)日建設計　山口 慶氏の支援があってのことであり、ここに感謝の意を表します。

志村コンサルタント事務所
志村満

目次

第1章 最初が肝心！ 事前準備

1. 電気工事の現場代理人の役割って何？ …………………………… 8
2. 営業引継ぎと元請への挨拶 …………………………………………… 12
3. 現地調査と申請書類の提出 …………………………………………… 15
4. 全体工程表の作成 ……………………………………………………… 18
5. 安全衛生管理計画 ……………………………………………………… 21
6. 実行予算の作成 ………………………………………………………… 24
7. 施工品質計画 …………………………………………………………… 27
8. 購買業務 ………………………………………………………………… 31
9. 協力業者との初顔合わせ ……………………………………………… 35
10. 仮設電気工事 …………………………………………………………… 39
11. スリーブ図の作成 ……………………………………………………… 43
12. 協力会社の新規入場と接地工事 ……………………………………… 47
◆ コラム①：現場代理人1日現場密着！ ……………………………… 51

第2章 日々行う 管理業務

13. 初回の定例会議 ………………………………………………………… 54
14. 施工図の作成と管理 …………………………………………………… 58
15. 資機材の発注管理 ……………………………………………………… 62
16. リスクアセスメントと安全指示 ……………………………………… 65
17. 搬入計画と受入検査 …………………………………………………… 68
18. 資材置き場と加工場の管理 …………………………………………… 71
19. 短期工程表と工程調整 ………………………………………………… 75
20. 予算実績管理 …………………………………………………………… 79
21. 協力会社への支払い管理 ……………………………………………… 82
22. 躯体工事中の品質管理 ………………………………………………… 85
23. 現場安全確認 …………………………………………………………… 88
24. 定例会議と設計変更 …………………………………………………… 92
◆ コラム②：現場代理人の資格 ………………………………………… 96

第3章 完成に向けて 施工管理

25. 消防中間検査 …………………………………………………………… 98
26. 安全サイクルと安全行事 …………………………………………… 102
27. 内装工事中の施工管理 ……………………………………………… 106
28. 工事中の近隣への配慮 ……………………………………………… 110
29. 高所作業車の安全管理 ……………………………………………… 114
30. 資金繰りと追加・増減管理 ………………………………………… 118
31. 仕上工事・外構工事の施工管理 …………………………………… 122
32. 受電 …………………………………………………………………… 125
33. クレーン作業の安全管理 …………………………………………… 129
34. 自主検査 ……………………………………………………………… 133
35. 諸官庁検査及び竣工検査 …………………………………………… 137
36. 引渡しと新たな出発 ………………………………………………… 140

イラスト：川崎ショーエイ（TINAMI）

登場人物

白煌電気工事

香取 俊介（かとり しゅんすけ）
初めて現場を任され、失敗も多いがそれにめげずに頑張っている現場代理人

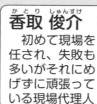

桜井 彩音（さくらい あやね）
香取君の失敗を平然と受け止めて、指導してくれる頼もしい先輩社員

遠山 雄平（とおやま ゆうへい）
仕事は厳しく、人に優しくをモットーに部下を指導している部長

山崎 宏司（やまざき ひろし）
香取君の後輩で勉強熱心だが、現場経験はまだ少ない

板橋 悟志（いたばし さとし）
香取君の会社の現場代理人

幸流電設（こうりゅう でんせつ）

佐藤 達也（さとう たつや）
プロ意識が高く仕事へのこだわりがある職長

佐藤 由香（さとう ゆか）
IT世代で合理的な考え方を持っている電工

登場人物

築城建設

中野さん
上司を仕事の面からサポートし、実は現場を仕切っている現場担当者

北川所長
関係者からの信頼も厚く、現場を明るくしている元請現場代理人

原田さん

**ライト不動産
森下課長**
購入者志向を持って、売れる物件づくりを考えている担当者

**ちはや設計事務所
白鳥先生**
デザインへのこだわりがあり、良い出来栄えを求める設計者

**碧水設備工業
沢村さん**
香取君と連携して工事を進めている設備工事の代理人

第1章

最初が肝心！事前準備

- ❶ 電気工事の現場代理人の役割って何？
- ❷ 営業引継ぎと元請への挨拶
- ❸ 現地調査と申請書類の提出
- ❹ 全体工程表の作成
- ❺ 安全衛生管理計画
- ❻ 実行予算の作成
- ❼ 施工品質計画
- ❽ 購買業務
- ❾ 協力業者との初顔合わせ
- ❿ 仮設電気工事
- ⓫ スリーブ図の作成
- ⓬ 協力会社の新規入場と接地工事
- ◆ コラム①：現場代理人1日現場密着！

第1章 最初が肝心！ 事前準備

1 電気工事の現場代理人の役割って何？

遠山部長：香取君、今回が初めての現場代理人だね。

香取：はい、頑張ります！

部長：ハハハ、相変わらず、元気がいいなぁ。現場代理人は建設業法に定めがあるんだが、そもそも現場代理人とはなんだ？

香取：「代理人」というから、だれかの代理なんでしょうか。

部長：だれの代理なんだい。

香取：え〜っと、部長の代理ですか。

部長：う〜ん、請負契約は会社の社長名で契約するけれど、社長が直接現場を管理することは、会社の規模が大きくなると難しい。そこで、社長の代理として、「現場代理人」を任命するんだよ。

香取：あっ社長の代理でしたか。

部長：現場代理人はミニ経営者と言われることがあるが、現場責任者として品質、工程、原価、安全などを管理し、発注者対応、協力会社対応をしていくことが求められているんだ。

香取：なんか責任が重いですね。

❶電気工事の現場代理人の役割って何？

部長：責任があるけれど、権限も大きいんだ。香取君の采配によって現場が動いていくんだよ。

香取：やる気になってきました！

部長：安全管理では、特に注意が必要だよ。現場代理人は、安全管理についても委任されているんだ。

香取：どういうことでしょうか。

部長：仕事を指示する人は、指示される人の安全を守る「安全配慮義務」がある。指示された人は、一般に指示に従い、指示を無視することはできないからね。

香取：現場での指示は現場代理人が職長にするので、現場代理人に責任があるということですね。

部長：危険な環境で作業をさせたり、不安全行為をさせたりすると、現場代理人の責任が問われるんだよ。

香取：安全配慮義務って、責任重大ですね。

部長：車の運転と同じで、安全運転していれば責任はかからない。同じように現場の安全管理も、現場代理人としてやるべきことをやっていることだよ。

香取：車の運転と同じですよね。安全管理をしっかりやることですね。

部長：現場代理人の使命は何かな。

香取：「社長の代わりに請負契約を果たす」ことではないでしょうか。

部長：いい答えだね。現場の四大管理は、請負契約の遂行のためにあるんだ。

香取：四大管理って、QCDS（キュー・シー・ディ・エス）って呼ぶものですね。

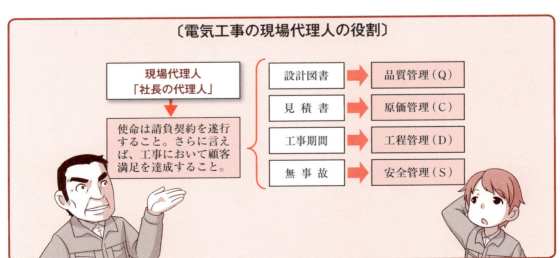
〔電気工事の現場代理人の役割〕

第1章 最初が肝心！事前準備

部長：QCDSって何だろう。

香取：Qは「クオリティ」で品質管理、Cは「コスト」で原価管理、Sは「セーフティ」で安全管理、Dはなんだっけなぁ。

部長：Dはピザの宅配の用語で使っている「デリバリー」で工程管理。製造業などでは納期管理として使っているんだよ。

香取：ピザが食べたくなってきたぁ～。

部長：まだ、昼には早いよ。QCDSと請負契約のつながりはわかるかい。

香取：図面や仕様書は品質管理ですね。

部長：勝手に変更して図面や仕様書どおり施工しないと、瑕疵として手直しになってしまう。

香取：見積書が原価管理になります。

部長：そうだね。会社としては利益がなければやっていけないので、請負金額から必要利益を差し引いた原価内に納めなければならない。

香取：工事期間を守ることが、工程管理です。

部長：そのためには、元請ゼネコンやほかの専門工事業者との調整が重要だ。

香取：無事故で終わらせることが安全管理です。

部長：QCDSをきちっと管理して、完成させることが君の使命だよ。

香取：はい、しっかりやります。

部長：あともう一つアドバイスすると、仕事を行うのは人ということ。人との関係の中で仕事が動いていくということだ。

香取：元請ゼネコンの工程をつかんで合わせていくことや、こちらの要望をうまく伝えることが重要だということですね。

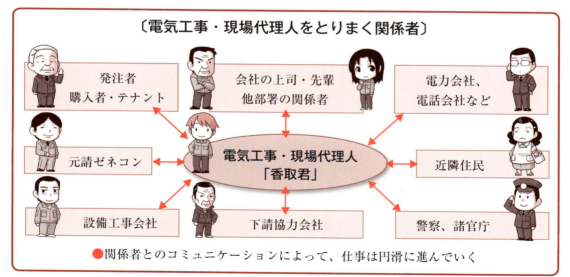

〔電気工事・現場代理人をとりまく関係者〕

● 関係者とのコミュニケーションによって、仕事は円滑に進んでいく

❶電気工事の現場代理人の役割って何？

部長：資材搬入でも揚重でも、ほかの協力会社とぶつかったらトラブルになる。そこで、事前の調整が重要になる。現場は工程や設計の変更もあるから、常にコミュニケーションをとっていくことだね。

香取：こちらからどんどん関係者と話をするようにします。

部長：それでは、上司に対して重要な報連相はなんだい。

香取：問題を早い段階で相談することだと思います。

部長：早い段階であれば、対応もいろいろと考えられるからね。元請ゼネコンについてはどうかな。

香取：同じように、早い段階で問題となりそうなことを相談することだと思います。

部長：協力会社に対してはどうだい。

香取：的確な指示もそうだけれど、段取りや工程などを事前に確認しておくことですね。

部長：このように、先を読んだコミュニケーションが大切なんだね。

香取：正直なところ、どれだけ先が読めるか不安なところがあるんですけれど、・・・。

部長：そう思って桜井さんに君の相談役として、OJTリーダーになってもらうことにしたから。桜井君ちょっと来て。

桜井：よろしくね。

香取：よろしくお願いします！！

桜井：ハハハ、相変わらず元気がいいこと。元気がいい社員は嫌いじゃないわ。

香取：元気だけは僕のとりえですから。

まとめ

現場代理人は"社長の代理"として
　　現場の管理という使命を全うする。

11

第1章 最初が肝心！事前準備

2 営業引継ぎと元請への挨拶

遠山部長：香取君、今年は1級施工管理技士を受けるんだね。

香取：申込みはしてあります。もうすぐ学科試験です。

部長：参加するだけじゃダメだからな。

香取：プレッシャがかかりますね。オリンピック選手の気持ちもわかるなぁ。

部長：なに大げさなこと言っているんだ。日々の鍛錬が結果を決めるんだよ。

香取：「日々の鍛錬」って、部長が好きな言葉ですね〜。

部長：今日の午前中は営業引継ぎをして、午後は工事現場へ元請ゼネコンに挨拶しに行くからね。

香取：承知しました！

部長：営業引継ぎは何のためにやるのかな？

香取：え〜と、営業担当が契約までの経緯を伝えるためですか。

部長：それもそうだけれど、香取君としてはどう活用するんだい。

香取：私としては、必要な情報をもらわなければいけません。見積条件や施工範囲、発注者の特別な要望、設計者の意図など、施工計画に影響する情報もあります。

部長：営業が「これは伝えなくていいだろう」と考えたことが、施工中に必要とすることもあるんだよ。

香取：きちんと聞き出しておかないと、結局損をするのは後工程の自分だということですね。

部長：営業引継ぎは営業から工事へバトンタッチする責任分岐点であり、営業も工事もお互いにしっかりと引き継いで、よけいなトラブルや損失が出ないようにしなければいけないよな。

香取：「バトンをきちんと受け取る」ということですね。

〔電気工事・現場代理人として取得する資格〕

- ●第一種電気工事士
- ●消防設備士甲種第4類

　この二つは、香取君は取得済み

- ●1級電気工事施工管理技士
  ※大卒（国交省令の指定学科）の場合は、実務経験3年などが受験要件。
- ○主任技術者
  ※3,500万円以上の公共性のある工作物（事務所やマンションなど）に関する電気工事では「専任の主任技術者」が必要。
  資格要件は国交省令で定める指定学科を卒業し、実務経験3年以上など複数ある。

❷営業引継ぎと元請への挨拶

〔営業引継ぎの位置づけ〕

営業プロセス → 「責任分岐点」営業引継ぎ → 施工プロセス

〔引継ぎ事項〕
・契約までの経緯
・工事概要、近隣協定
・VE・CD提案、指定メーカー
・施工範囲、サービス工事
・関係者の性格、こだわり、など

施工計画や購買の条件、人間関係のヒントなど、施工プロセスへのインプット情報になる。

午前中に営業引継ぎを終え、昼食後に部長から声がかかった。

部長：香取君、これから元請ゼネコンの現場事務所に挨拶に行くけれど、その目的はなんだ。

香取：受注をいただいたお礼と、「今後、よろしく！」というお願いかなぁ。

部長：そうだね。これからお互いにうまくやっていくために、元請ゼネコンの所に足を運び、誠意を見せることだ。元請ゼネコンに気に入ってもらえるといいね。

香取：最初が肝心だから、いい印象になるようにしないと。好印象は、まずは身だしなみ。髪よし、服よし、すべてよし！

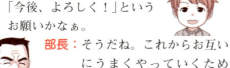
工事部長、営業担当の森さん、香取君の三人で出かけ、途中で部長は菓子折りを買い、駅から数分の所にある工事現場に到着した。

香取：ここでこれから1年間現場代理人をやるのか。なんか、ワクワクしてきたぞ。

工事現場のゲートを入ってすぐ脇にある仮設事務所の2階に上がっていく。

部長：こんにちは、白煌電気工事です。

北川所長：この現場の電気工事をやってくれる白煌電気さんだね。どうぞこちらへ。（部長、名刺を準備）

部長：私、白煌電気工事の遠山と申します。よろしくお願いいたします。

北川：築城建設の北川です。よろしくお願いいたします。（部長と北川、名刺交換）

部長：こちらは、現場代理人をさせていただく香取です。

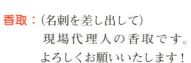
香取：（名刺を差し出して）現場代理人の香取です。よろしくお願いいたします！

北川：築城建設の北川です。元気がよくていいね。

第1章 最初が肝心！ 事前準備

〔挨拶の日の内容〕
- 所長に現場についての考えを聞く
- 全体工程表で現在の状況、および電気工事の着手日を確認する
- 近隣協定など、工事を進めるにあたり配慮事項を聞く
- 提出書類の項目と予定日を決める
- 次回の打合せ日を設定する

香取：はい、元気だけは人一倍ありますから！（北川さんって、優しそうな感じで良かったぁ〜）
（名刺交換の後、駅周辺の開発の話やマンションの売れ行きの話などをしている）

北川：ちょっと失礼。
（北川が席を外している間）

部長：香取君、発注者との雑談も仕事の内なんだよ。周囲の人と雑談ができないと、仕事ってスムーズに進まないもんだよ。

香取：雑談も結構難しいものだなぁ・・・。

（所長の北川が部下の中野を連れて戻ってくる）

北川：この現場を一緒にやっている中野です。

部長：白煌電気工事の遠山です。よろしくお願いいたします。

中野：築城建設の中野です。よろしくお願いいたします。

香取は名刺交換をした後で、「中野さんって、するどい視線でちょっと怖いなぁ」と思った。中野さんを中心に、工程や提出書類を確認し現場を後にした。

香取：さあ、やることがいっぱいあるぞ。

部長：「香取君は現場代理人として、しっかりやれる」って、期待しているよ。

香取：日々頑張るしかないでしょ。

部長：やはり「日々の鍛錬」につきるね。

まとめ
- 営業引継ぎは「バトンをきちんと受け取る」
- 元請への挨拶では雑談も大切

③ 現地調査と申請書類の提出

桜井：営業引継ぎは終わったようだけれど、請負契約書と設計図書の確認は終わったの。

香取：今やっているところですけれど、設計図書でスイッチの位置や設備機器の電源など、不適切と思われるところがいくつかありました。

桜井：もしそういうことが施工中にわかったとしたら、どうなるのかなぁ？

香取：施工直前だったら、協議のために手待ちになったり、施工後だったら、手直しになるかもしれません。

桜井：そうだよねぇ、だから着工時に竣工までの問題点を洗い出しておくことが大切なのよ。

香取：目を皿にして問題点を探します。

桜井：後で問題が生じて、目を丸くすることがないようにね。この「着工時チェックリスト」を使うといいわ。

香取：わぁ〜、結構ボリュームがありますね。

桜井：チェックリストは、過去の現場の失敗を反映しながら、改良されてきたものなの。言わば、ノウハウの宝庫なのよ。

香取：ありがとうございます。自分も失敗したらチェック項目を、このチェックリストに追加していきます。

桜井：（いったい、いくつ失敗するつもりなのかしら・・・）

香取：午後から現地調査に行ってきます。

桜井：常に現場を見て確認することが大切ね。・・・どんなところを見るつもりなの。

〔着工時チェックリストの例示〕

チェック項目
□工事区分、別途工事は、明確になっているか。
□支給品はあるのか。
□メーカーは複数になっているか。
□法令は満たされているか。
□引込み工事の経路と方法は、具体的に検討されているか。
□借室電気室の防水対策は良いか。
□機器類の振動、防音対策はとられているか。
□幹線サイズ、幹線ルートに問題はないか。

第1章 最初が肝心！事前準備

〔現地調査の例示〕

項　目	調査内容の例示
配電線路	電柱の位置、高さおよび番号、 相数・電圧種別、 外灯の位置・高さ・種類、 電力引込点、引込方法
通信線路	電柱の位置、高さおよび番号、 対数、電話引込点、引込方法
地中線	敷設工法、深さ、管径、管材質、 経路および経路の状態
マンホール・ ハンドホール	位置、形状、寸法

香取：設計図書と現地が同じになっているか、確認します。周辺を歩いてみて、近隣関係、道路状況などを見てきます。

桜井：設計段階での調査に基づいて、設計図書は作成されているけれど、それらの再確認は必要なことね。

香取：今度設計者と会いますので、今までの諸機関との協議内容を確認します。できれば、打合せ議事録のコピーをもらうつもりです。

桜井：消防署、それから確認申請で指導事項があるかどうか、・・・あった場合にはどんな内容か確認してね。

香取：わかりました。設計者と打合せ後に、電力会社、NTT、消防署などへ、具体的な施工方法を含め打合せに行ってきます。

桜井：設計者に「同行をするかどうか」、確認したほうがいいわ。

香取：そうですね。設計者の意向を聞きながら進めます。

〔諸機関との協議内容の例示〕

項　目	協議内容の例示
電力会社	・供給電気方式、受電電圧 ・引込経路、引込方法、工事範囲の区分、管サイズ、本数 ・工程表から引込工事、受電の時期
電気通信事業者 （NTTなど）	・引込経路、管サイズ、本数 ・主配電盤（MDF）の位置、容量 ・工程表から引込工事、分岐配線、開通の時期
消防署	・自動火災報知設備、警報設備、誘導灯設備 ・避難設備（誘導灯の取付け位置、施工方法）
諸官庁	・避雷針設備の接地極の施工方法 ・非常用照明設備の容量、切替方式、配置、照度 ・排煙設備

❸現地調査と申請書類の提出

桜井：ところで、申請書類にはどんなものがあるの。

桜井：電気の引込み工事で、国道の道路掘削が必要になって、許可まで何カ月もかかったこともあったわ。申請期限だけでなく、許可が下りるまでの期間も管理する必要があるから注意してね。

香取：施主や協力会社が申請するものもありますが、電気工事の工程に関わるので、状況確認する必要があります。

香取：全体工程表に落とし込んで、スケジュール管理します。

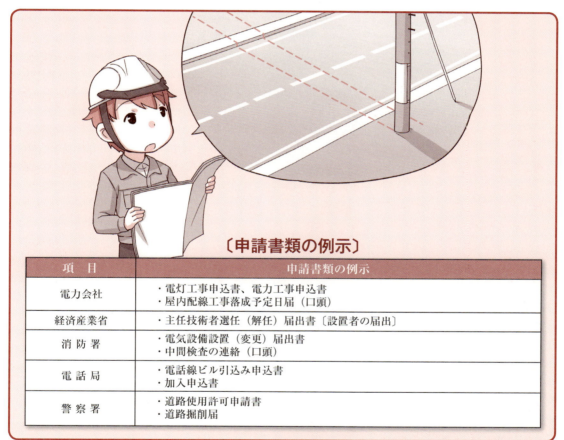

〔申請書類の例示〕

項　目	申請書類の例示
電力会社	・電灯工事申込書、電力工事申込書 ・屋内配線工事落成予定日届（口頭）
経済産業省	・主任技術者選任（解任）届出書〔設置者の届出〕
消 防 署	・電気設備設置（変更）届出書 ・中間検査の連絡（口頭）
電 話 局	・電話線ビル引込み申込書 ・加入申込書
警 察 署	・道路使用許可申請書 ・道路掘削届

まとめ

現場代理人は、スタートの切り方が重要。設計図書の確認、現地調査、諸機関との協議、申請業務等など多くの業務がある。

第1章 最初が肝心！事前準備

4 全体工程表の作成

香取：桜井さん、これから全体工程表を作りたいと思うんですが、参考にどこかの工程表ありませんか。

桜井：いいわよ。今、私が代理人している現場の全体工程表をあげるわ。ところで、建築屋さんから全体工程表をもらったの？

香取：ええ、いただきました！これです。

桜井：バーチャート※1ではなく、ネットワークでしっかり書いてあるから安心ね。

香取：棒(バー)じゃなく網(ネット)？

桜井：なにとんちんかんなこと言ってるの。工程表の種類のことで、ネットワーク工程表※2では作業手順や相互関係が検討され、最重要工程（クリティカルパス）が明確になるのよ。

香取：建築屋さんの工程表では、電気工事はあまり考慮されていないですね。

桜井：そのとおりよ。だから、建築工事の工程表に合わせながら、自社が工事を進めやすいように先を読んで協議しなければならないの。全工程の中でどこが重要だと思う？

香取：最初に、電工が乗り込む「接地工事」ですかぁ。

桜井：そうね、それも重要だけど・・・、「受電」と「消防検査」を目ざして全体工程表を検討するの。

香取：最初ではなく、最後が大事なんですね！

桜井：工程は作業手順で進むけれど、工程計画はゴールから逆算して可能かどうか検討することが大切なのよ。

香取：「消防検査」では、外構も含めてほぼ完成していることが必要です。

桜井：「受電」の時期は、建築と合意しておくようにして。受電が早ければ、各所の電気が工事に使えて便利だから、建築屋さんも喜ぶけれど、あくまで受電できる状態に仕上がっていることが条件だからね。

香取：「受電」が遅いと、機械の試運転や機器の検査の時間が取れなくなります。

桜井：「受電」から逆算すれば、受電機器の搬入時期が決まり、設置場所の仕上げが完了していることが必要になるでしょ。

香取：受電機器の搬入方法の検討も必要ですね。場合によっては、建築屋さんに搬入用開口を依頼しなければなりません。

桜井：そうそう、そうやって逆算しながら建築工程もチェックして、問題があれば協議していかなければならないのよ。

※1 バーチャート工程表：各作業と工期(日数)を棒で表記した工程表。　※2 ネットワーク工程表：丸印を矢印で結び、作業の工程を表現した工程表。

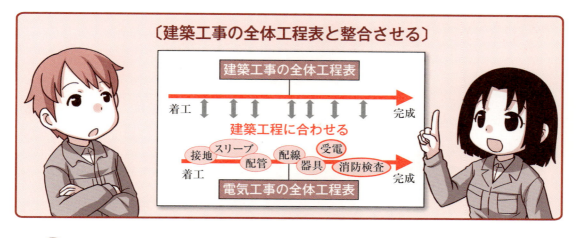

香取：工程計画で検討することって、ほかにどんなことがあるんですか？

桜井：工事に必要なものが準備されているように、遡（さかのぼ）って管理するのが工程表の役割なの。そうすると、どんなことがあるかしら？

香取：分電盤や照明器具の納期管理があります。

桜井：台数が多いと、機器の製作期間がかかることがあるわ。

香取：え〜と、納品から遡って、製作期間、仕様の決定、カタログや図面の準備があります。

桜井：納品管理についても、工程表に落とし込んでおくことが重要なの。承認が遅れて工期が厳しくなった現場もあるわ。

香取：それって、元請やお客さまがなかなか決定してくれないからですか。

桜井：こちらも余裕を持ってカタログや図面を用意し、「○月○日までに決定してもらわないと工程上支障が出る」ことを、工程表できちんと伝えることが大切なの。余裕を持って工事を進めるために、全体工程表で管理するのよ。

香取：相手任せではなく、こちらで仕様決定をリードしないといけないんですね！

第1章 最初が肝心！ 事前準備

桜井：同じようなことで、諸官庁手続きも忘れないように、工程に入れておくといいわ。

香取：申請書類も許可日から逆算して、申請期間、提出期日、押印期間、書類作成期間ですね。

桜井：事前協議などの手続きがあれば、すべて入れておくようにしてね。ほかには全体工程表と絡めて、施工図の作成予定表、試験予定表があるわ。

香取：施工図が検討不足で手戻りになったことがあったけれど、こりごりだなぁ。

桜井：最後に今すぐでなくてもいいから、ちょっと大変だけれど「山積表*3」を作ってみて。

香取：電工の人工数（にんく）の予定表ですね。

桜井：電工の人数を平準化できれば、工程面もコスト面も安全面も望ましいのよ。

香取：電工の人数が変動すれば、協力業者も手配が大変になります。現場に慣れてもらうにも、同じ人が継続してきてもらったほうがいいということですね。

桜井：実のところ電工の人工管理が、工程管理、原価管理の要になるからね。

香取：はい、しっかり管理します！

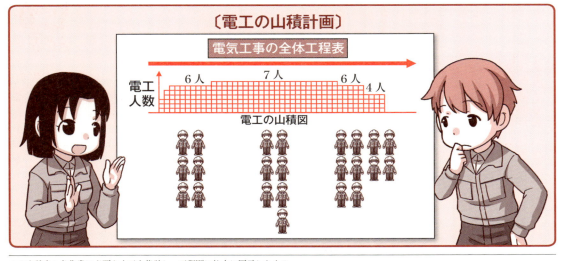

＊3 山積表：各作業に必要な人工を集計し、工程順に柱上に図示したもの。

まとめ

工程計画はゴールから逆算して進める。

5 安全衛生管理計画

桜井：香取君、今度の現場ではどんな安全管理が重要なの？

香取：えーと、電工が脚立から落ちたら困るし、足場から落ちたらもっと大変なことになります。

桜井：重大な死傷につながる事故は、絶対に防がないといけないでしょ。

香取：重大災害を防ぐ安全管理が、重要度が高いんですね。

桜井：作業手順に安全は盛り込まれるけれど、工程の時期によって重要なものが変わってくるわ。

香取：土工事の作業のときは重機災害、足場上の作業では墜落、受電後には感電に注意するということですね。

桜井：安全のために守るべきことはたくさんあるけど、大局を失わず重要なものを重点的に管理するようにしてね！

香取：「大局を失う」って、自転車に注意していて、車に轢かれてしまうようなものかなぁ。

桜井：安全管理では、安全関係の書類作りが結構あるわね。

香取：ええ、元請に提出しなければならない書類、自社が管理しなければならない書類といろいろあります。

桜井：万が一事故が起きたときに安全管理の状態が問われるから、安全管理の実態を書類で残しておく必要があるのよ。

香取：形がなければ、安全管理をきちんとしていることを証明できません。

第1章 最初が肝心！ 事前準備

桜井：どんな書類をそろえるの？

 香取：元請に対する提出書類として、まず「主任技術者」があります。

〔主任技術者〕

■建設業法第26条1項、3項（要約）
　建設工事の施工の技術上の管理をつかさどるもの（主任技術者）を置き、施工計画の作成、工程管理、品質管理その他の技術上の管理、および施工に従事する者の技術上の指導監督をすること。

桜井：資格証写しと在籍証明書ね。

 香取：それから、「施工体制台帳」「施工体系図」があります。

桜井：今後、協力会社と取決めをしたら、随時作成していかないとね。

桜井：再下請をするときには？

 香取：「再下請通知書」を元請に提出します。

 香取：協力会社に「施工体制台帳作成建設工事の通知」を出さないといけません。

〔施工体制台帳等〕

元請ゼネコン ← → 電気工事会社 ← → 2次下請 ← → 3次下請

元請ゼネコンは、下請負代金の総額が4,000万円（建築一式工事 6,000万円）以上になる場合は、「施工体制台帳」「施工体系図」を作成する。

電気工事会社は、「施工体制台帳」「施工体系図」の作成に必要な書類、および2次下請以下の「再下請通知書」を元請ゼネコンへ提出する。

桜井：安全衛生管理体制のほうはどうなっているの？

桜井：工事現場で働く人の人数に応じて、現場の安全衛生管理体制が変わるんだよ。

 香取：「緊急連絡体制表」は、建築のほうで作成しています。

香取：今回は50人以上の予定なので、元請の所長が統括安全衛生責任者になり、自社（白煌電気工事）からは安全衛生責任者が求められます。

❺安全衛生管理計画

〔現場の安全衛生管理体制50人以上〕

- 統括安全衛生責任者：北川誠一
- 元方安全衛生管理者：中野友恵
- 災害防止協議会
- 電気工事　(株)白煌電気工事　安全衛生責任者：香取俊介
- 設備工事　(株)碧水設備工業　安全衛生責任者：沢村隼人

※労働安全衛生法第15条、第16条による

桜井：うちの協力業者にも、安全衛生責任者が求められるからね。

香取：安全衛生責任者って、何をすればいいんでしょう？

桜井：香取君の場合は、元請の統括安全責任者の指示や連絡を協力会社に伝えたり、仕事の報告をしたり、元請のサポート的役割になるわ。

香取：しっかりやります。

〔安全衛生責任者の役割〕
- 元請の統括安全衛生責任者との連絡
- 統括安全衛生責任者から連絡を受けた事項について関係者への周知
- それらの事項の実施管理
- 自分が作成した計画と元請の計画の調整
- 下請の安全衛生責任者（職長と兼務が多い）との連絡調整

桜井：年間行事では、安全大会や災害防止協議会もあるから。

香取：安全って大切ですからね。

桜井：「安全第一」というけれど、すべてに優先する理由は？

香取：やはり人の命が一番大切だから。

桜井：そのとおりだわ。お金や品物は取り戻せるけれど、人の命は失ったら二度と戻らないからね。

香取：「覆水盆に返らず」ですね。

桜井：なんだか、たとえが軽いなぁ。

香取：とにかく、「絶対に事故を起こさない」という心構えです！

まとめ

"安全第一"であるためにも、安全衛生管理は重要！

第1章 最初が肝心！事前準備

6 実行予算の作成

遠山部長：香取君、実行予算は初めて作るんだね。

香取：はい、初めてです。

部長：実行予算の役割はなんだ？

香取：工事に使う原価の計画かなぁ。

部長：香取君は一人っ子だったね。家族三人で1泊2日の旅行にいくとして、予算が10万円だったらどう計画する？

香取：一人当たり約3万3千円だから、その予算を考えながら旅行中にしたいこと、あるいは行きたい所を話し合います。やっぱり温泉がいいなぁ～。

部長：目的地も決まり、現地で観光したい所も決まったら、予算はどうなる？

香取：交通費、旅館代、観光の予算、飲食の予算と、かかる原価を積み上げて10万円以内に収めるようにします。

部長：交通費といっても、旅館込みのパックで安い所があるかもしれないし、飲食でも探せば安くておいしい店があるかもしれないね。

香取：そうですね。いろいろ情報を収集して、比較していい計画にしたいです。

部長：実行予算も同じなんだよ。工事で使う原価を使う形で分類して、全体を目標原価に収めるように検討することだ。

香取：材料の購買や施工方法など、施工計画によって原価も変わるから、実行予算でよく検討するということですね。

部長：「利は元にあり」という言葉があるけれど、実行予算を立てるときに利益を確保する検討が大事なんだよ。

香取：旅行でも行き当たりばったりでお金を使ったら、すぐに予算オーバーになってしまいますから。

 〔実行予算で利益を創り込む〕

〔原価の計画〕
工程計画、施工計画、材料の購入方法、設計仕様の代替案などを検討して、実行予算を作成する

→

〔原価の統制〕
使う形・発注する形式で分類し、実行予算に基づいて発注をコントロールする

24

❻実行予算の作成

今度は桜井先輩に、実行予算について教えてもらっています。

桜井：請負契約の見積書と積算数量はもらっているわね。

 香取：はい、営業引継ぎでいただきました。

桜井：実行予算は基本的な分類方法はあるけれど、それぞれの会社で原価管理しやすいルールを定めているの。

 香取：基本的な分類方法って、A材、B材、労務、経費という項目ですね。

桜井：建築屋さんだと、外注（材工）という項目があるんだけれど、電気工事会社では、材工を他の項目に含めていることが多いのよ。

 香取：実行予算の作成方法って、会社によってさまざまなんですね。

桜井：社内では実行予算作成ルールが統一していないと、項目が漏れているのか他の項目に含めているのか、会社としてチェックしづらいでしょ。

香取：うちのルールでは、防災、区画貫通などの「材工」については「材料費」に、レッカー車は「労務費」に含めるといったことですね。

桜井：見積もりも実行予算も、「数量×単価＝金額」という式を集計して、作成しているでしょ。

香取：10万円の工事でも10億円の工事でも、一行だけ見れば同じです。

桜井：そうすると金額を決めるには、「数量」と「単価」を適切に設定することが重要になるわね。

香取：数量については、積算数量をいただきました。

桜井：数量は設計図がCADになって、積算精度が高くなったわ。でも、大切なことは、施工方法で数量が変わるし、そもそも設計が適切かという視点も必要だからね。

 香取：部長にも同じようなことを言われました。

桜井：では単価のほうはどうなの？

香取：過去の現場の単価を持っています。部長から他現場の実行予算書や購買関係書類を見せてもらえます。

〔実行予算の構成〕

項目		主な内容
材料費	A材（エーざい）	主に機器類で、分電盤、照明器具、設備機器など
	B材（ビーざい）	主に材料で、配管材、電線、ケーブル、ボックスなど
労務費		主に電工の工賃、そのほかにも土工などの工賃
経費		社員給与、交通費、駐車場代、通信費、事務用品費など

第1章 最初が肝心！事前準備

〔「数量」と「単価」の検討〕

数　量		単　価		
・数量の積算の正確さ ・数量のムダやロス率の低減 ・施工方法で作業効率を上げる	×	・相場、単価情報の収集 ・同等仕様の代替案 ・施工条件に合致した単価設定	=	金　額

桜井：単価は施工条件や相場動向によっても変わるから、直近のものをいくつか参考にしてみて。特殊な材料などは、協力業者から見積もることも必要になるから。

香取：なんだか作れそうな気になってきました！

桜井：材料の原価管理については、今までの話でいいんだけれど・・・、材料よりも変動がある労務費のコントロールが原価管理の要(かなめ)なの。

香取：そう言われると、労務費の数量を出すのは難しいですね。

桜井：労務費は過去の実績データなどを使って実行予算を作り、その計画工数で収まるように電気工事を進めることが監督の役割になるわ。

香取：行き当たりばったりだと、どんどん人工を使ってしまいます。

桜井：建築工程と調整を取りながら、効率を上げるように交渉しないとね。

香取：う～ん、予算に基づいた「電工の山積計画」が重要なんですね。

桜井：実行予算は目標管理だってこと忘れないでね。それでは、いつ実行予算は提出してもらえるの？

香取：施工検討会の前には出したいと思います。

桜井：遅く出てくる実行予算は、終わった後に計画を立てるようなものだからね。

香取：クリスマスが終わった後(あと)のクリスマスケーキのようですねぇ。

桜井：まだ食べられるだけましだわ。

香取：旅行が終わった後の旅行計画かなぁ。

桜井：そのほうがぴったしね！

まとめ

実行予算は目標管理！行きあたりばったりにならないようにしなければならない。

7 施工品質計画

部長：香取君、施工品質検討会に向けて、施工品質計画書の作成状況はどうかなぁ。

香取：ほぼ仕上っています。

部長：ISO9001規格の品質計画と現場の施工計画を一体で作成しているけれど、ISO用語で意味がわかりにくい言葉もあるかもしれないね。そもそもISOって何かな？

香取：ISOは「国際規格」のことで、9001は「品質」の規格です。

部長：例えば、ネジの規格が各国で違っていたら、輸出された家電製品などを修理するときに、ネジが合わないと困るだろう。だから、各国共通する国際規格があるんだ。

香取：国際規格（ISO）に合わせて、国家規格（JIS）を定めているんですね。

部長：ただISO9001規格は特別で、製品の規格ではなくマネジメントシステムの規格なんだ。

香取：「マネジメントシステム」って、なんか偉くなった気がするなぁ。

部長：別に香取君が偉いわけじゃないけれど・・・、仕事をきちんと進めるための枠組みを示したものなんだよ。

香取：施工品質計画を作成することで、現場の仕事の進め方のストーリーを作るんですね！

部長：仕事は「段取り8分」だから、しっかり計画しないとな。

第1章 最初が肝心！ 事前準備

〔ISO9001規格による品質計画〕

〔仕事の枠組み〕
ISO9001規格は、仕事を確実に進めるための枠組みを提供している

→

〔品質計画〕
枠組みに沿って仕事を計画し、進めることで、トラブルやミスを防ぐ

→

〔PDCAを回す〕
それでも問題が起きた場合には、再発防止策を立て、次の計画に反映する

施工品質検討会を、部長、桜井先輩と実施しています。

香取：施工品質検討会を始めます。お手元の「施工品質計画書」に沿って説明しますので、ご指導よろしくお願いいたします。

 部長：施工品質検討会は現場代理人の支援の場だから、そんな被告席に座ったように硬くならなくてもいいよ。ざっくばらんに話し合おう。

香取：それでは、なるべくざっくばらんに説明させていただきます。工事概要は・・・。

工事概要、施工範囲について説明した後で。

桜井：設計図書、請負契約書からまとめたと思うけれど、工事全体がクリアになってこない？

香取：書くことによって、物事が明確になるんですね！

部長：（うなずいて）「書くことは考えを明確にする」って、なかなかいい言葉だなぁ。

香取：次に、製品要求事項として、顧客要求事項、適用される法令などを説明します。顧客の要望には・・・。

桜井：デベロッパーからセキュリティへの要望があるのね。近隣では、隣地の佐藤さんは夜間勤務者だから騒音への配慮が必要ということね。

 部長：法令、標準仕様書なども、しっかりとリスト化されているな。

桜井：標準仕様書では年度版に注意して。古い版で参照しても、仕様が変わっていることもあるから。

組織体制を説明し、品質目標を説明しています。

香取：この現場では工期が厳しいので、「手待ち、手戻りない先を読んだ施工」。それと、瑕疵（し）で苦労するのは嫌なので、「建物の外壁から水が入らない納まりと施工」としました。

 部長：なかなかいい品質目標だね。

❼ 施工品質計画

チェックリストも使って、設備項目ごとに順次施工計画を検討しています。
ここで事前に現場の問題点を洗い出しておくことが重要です。

〔施工計画の一覧〕

該当	設 備 項 目	該当	設 備 項 目
■	1. 引込設備	■	9. 電話設備
■	2. 接地設備	□	10. 放送設備
■	3. 受変電設備	■	11. 弱電設備
□	4. 発電機設備	■	12. 自火報・防排煙設備
□	5. 蓄電池設備	■	13. 避雷設備
■	6. 幹線設備	■	14. 監視制御設備
■	7. 動力設備	■	15. 駐車場管理設備
■	8. 電灯・コンセント設備	□	16. 太陽光発電設備

桜井：具体的な計画に落とし込むことが大切よ。

香取：それについては、次の施工検討で説明します。

いくつかの問題点を指摘されて。

香取：まだまだ、検討が足りないようです。

桜井：現場条件を調査して、もう少し掘り下げて検討が必要なようね。

香取：次に、工程上のポイントを全体工程表で説明します。

香取君が工程の主要な流れとポイントを説明した後で。

桜井：電気室の工事がこの時期だと、上階から水が落ちてくる危険があるわ。確実に止水されていることが必要だから、建築屋さんにもお願いしておかないとね。

第1章 最初が肝心！事前準備

香取：メインが建築工程だけれど、こちらの要望をしっかり伝えて調整しておかないといけないです。

部長：元請とのコミュニケーションが、現場代理人の重要な役割なんだよ。元請の要望にただ合わせるだけだと、工程的にも予算的にも不利になってしまうんだ。

桜井：直前に言ってもダメだから、早くから言っておくことが交渉のポイントなのよ。揚重機、足場、資材置場の使用など、いろいろな面でね。

元請への工程、仮設、施工面などの要望事項を整理した後で。

香取：自主検査、工場検査、官庁検査、顧客竣工検査、購入者検査の予定を説明します。まず、自主検査は・・・。

桜井：検査前に工程上電気業者にしわ寄せが来てしまうことがあるけど、前倒しでできるところをやっておくことが大切だからね。

香取：はい、検査から逆算して段取ります！

工程計画と絡めて、施工図の作成計画、資材調達計画、申請書類計画を説明します。

香取：施工図、資材の調達、申請書類は、それぞれ一覧表で管理しています。必要な時期から遡って、承認期間、製作期間などの前工程を管理します。

桜井：実績を記入しながら、しっかり進捗管理してね。

最後に、現場での協力会社に対する教育訓練、現場で扱う品質記録について説明しました。

香取：いろいろとアドバイスしていただき、ありがとうございました。

部長：だいぶ、今後の施工管理が見えてきたようだ。

桜井：計画倒れにならないように、頼むわよ。

香取：前進するだけです！

まとめ

施工品質検討会は、品質管理だけでなく若手の現場管理を向上させる！

8 購買業務

部長：香取君、業者との取決めは、どのくらい終わっているんだ？

香取：そうですね、実行予算の30％くらいだと思います。

部長：元請との契約後1〜2ヵ月の間に、ほとんどの取決めを終えるようにしたいな。早期に契約するメリットは何かな？

香取：協力業者の着工や製品の納期に時間的余裕がないと、値交渉も相手のペースになってしまいます。相見積をとって、こちらのペースで進めるためには、早期に交渉をスタートすることです。

部長：協力会社の忙しさや工場の状態にも価格は関係するから、相手が高い見積を出してきたときには、ほかの業者を探す時間的余裕も必要だ。

香取：購買部と連携しながら、協力業者選定や発注時期を検討しています。

部長：ケーブルなどの銅は相場変動があるので、価格が上がっているときには購買部では早期にまとめて発注し、下がっているときには時期を待って小分けにして取り決めたりしているんだよ。

香取：購買部って、デイトレーダーだったんですね！

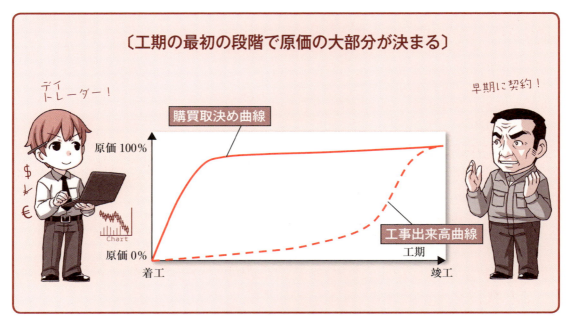

〔工期の最初の段階で原価の大部分が決まる〕

第1章 最初が肝心！ 事前準備

部長：積算段階で協力業者から見積をとっていて声をかける必要があったり、特定の協力業者に発注が集中しないように調整することもあるので、業者選定は購買部に確認しながら進めるようにな。

香取：はい、顧客推薦の協力業者もいますので、信用調査依頼もしています。

部長：ほかにも新規業者はいるのかい？

香取：ほとんどはなじみの協力業者ですが、何社か新規業者もいます。

部長：新規メーカーや新規業者はリスクもあるけれど、やってみていい業者のときもあるから。

香取：チャレンジも必要ですね！

桜井先輩から購買業務について教えてもらっています。

桜井：購買の仕方には大きくは、会社が主体となって取決めする会社購買（集中購買）と、現場が主体になって取決めする現場購買の二つがあるけれど、会社の購買ルールを理解しないといけないわ。

香取：A材は会社購買で、会社としてのスケールメリットを出して、交渉して決めてもらっています。

桜井：機器類は掛け率の交渉になるから、現場ごとに個々に交渉するよりも、会社として年間発注量をもとに交渉したほうが、コストダウンができるわね。

香取：B材は現場購買ですが、購買部と打合せして見積り業者を設定しています。今回は、相見積りに新規業者も1業者入っています。

桜井：他社ではB材も会社購買のところもあるけれど、うちでは現場購買にしているの。相見積りの単価比較だけでなく、他現場の取引金額も調査して、適正な価格を検討してみてね。

香取：はい、わからないところは購買部とも打合せしてみます。

桜井：購買部の役割は、集中購買で価格を下げることだけでなく、各現場の単価情報を一元管理するところにあるから、現場購買の稟（りん）議書も購買部が確認するようになっているのよ。

香取：購買部のメンバーは、原価（ちょう）の諜報員なんですね！

❽購買業務

〔会社購買と現場購買の特徴〕

諜報員
KATORI
Mission Impossible!

〔会社購買〕
- スケールメリットが出せる
- 長期的な計画のもとに、業者選定と発注量を管理できる
- 過去のしがらみから離れて発注できる
- 専任者によって情報やノウハウを蓄積し、管理できる

〔現場購買〕
- 現場条件をネゴして、小回りのきいた発注ができる
- 現場代理人の原価意識、当事者意識が高まる
- 発注権があるので、業者との協力関係が作りやすい
- 現場代理人の力量に左右される

やりすぎ…

桜井：労務は請負と常用があるけれど、実行予算をコントロールするためには、常用をなるべく出さないということよ。

香取：人工（にんく）が読めない部分があると常用にしがちですが、読めないということは、原価のコントロールができないということになります。

桜井：そのとおりだわ。だから、歩掛り（ぶがかり）実績の管理が重要になるのよ。人工計画して、実行予算を組んでいるでしょ。

香取：値交渉で協力業者を納得させるためにも、歩掛り実績が役に立ちます。

桜井：見積り依頼の仕方はどうやっているの？

香取：設計図書、見積り条件書、積算数量を渡しています。

桜井：協力業者に設計図書から拾い出しさせて、見積りを作成するのが本来の姿かもしれないけれど、積算数量を渡すのはやむを得ないわね。

香取：協力業者が言うには、CAD設計になってから積算数量と実績数量の差が小さくなったということです。

桜井：見積り条件書はどんなふうに作っているの？

香取：自社と協力会社の施工範囲分けに注意しています。

桜井：どんなことに注意しているの？

第1章 最初が肝心！ 事前準備

こうならないように！

香取：え〜と、搬入の際に車上渡しか、荷降ろして終了か、小運搬があるのか、据付けまで行うのかと言ったことです。

桜井：重機や足場はどちらが持つのか、細かいことを言えば、試験に使うオイルはどちらが持つのか、といったことがあるわ。後でもめないように、見積り条件で明確にしておいてね。

香取：業者によって、見積もっていたり見積もっていなかったりしたら、見積り比較も大変になってしまいます。

桜井：見積り落としがあって、一番安くなった業者と決めないようにね。

香取：それって、部品が足りない車のように危険ですよね。

桜井：それがブレーキだったら最悪よ。

香取：見積り条件には十分に注意します！

まとめ

購買業務は余裕を持って！
　トラブルにならないように条件を明確に。

⑨ 協力業者との初顔合わせ

電気工事の協力業者は、「(株)幸流(こうりゅう)電設」に決まりました。職長から電話があり、ほかの現場の帰りに事務所に訪ねてくることになりました。部長と香取君で迎え、打合せ室に案内します。

佐藤職長：幸流電設の佐藤です。こちらは、姪(めい)の由香(ゆか)です。よろしくお願いします。

由香：佐藤由香と申します。よろしくお願いします。

部長：佐藤さんとは付き合いも長いんだけれど、由香さんとは初めてだね。部長の遠山です、よろしく。こちらが現場代理人の香取です。

香取：現場代理人の香取です。よろしくお願いいたします！

部長と佐藤職長が近況について言葉を交わした後で。

部長：それじゃ私は所用があるので席をはずしますが、あとは香取と現場の打合せをお願いします。

職長：わかりました。ときどき現場にも顔を出してくださいね。

部長が退席し、香取君が先に口火を切りました。

香取：佐藤さん、改めまして、今度の現場よろしくお願いいたします。

職長：こちらこそ、よろしく。これ、会社からの提出書類だから。

香取：ありがとうございます。まず、安全衛生管理についての誓約書がありますね。

職長：建築屋さんは、やりやすそうかなぁ。

第1章 最初が肝心！ 事前準備

香取：所長はおだやかな人だけれど、その下の主任がはっきり物を言う人で、結構厳しそうな感じです。

職長：職長教育修了証はこれだよ。

香取：（健康診断書を見ながら）特に持病とかありますか？

職長：仕事に厳しいのは望ましいことだよ。元請が各業者を厳しく指導してくれたら、現場もうまくいくからね。

職長：自分も姪もいたって健康だから、大丈夫だ。

香取：（書類を確認しながら）そう言われるとそうですね、この現場は、施工体制台帳を作成する現場なので、再下請通知書もありますね。

由香：健康診断書を、そんなにじろじろ見ないでくれる！

香取：すみません、個人情報はしっかりと管理しますから。

職長：作業員名簿は、今はわれわれ二人分だけれど、応援を頼むときには追加で出すから。

由香：そういう意味じゃなくて、失礼でしょ。

香取：はい、電気工事士や玉掛け作業者などの必要な資格の写しもありますね。

香取：（あわててしまいながら）提出書類は、これで結構です。

〔入場前の協力業者の提出書類の例〕

- 安全衛生管理に関する誓約書
- 再下請通知書
  （建設業法・雇用改善法等に基づく届出書）
- 作業員名簿
- 有資格者、免許、技能講習修了証の写し
- 職長教育修了証の写し
- 持込機械等使用届
- 健康診断書の写し、など

❾ 協力業者との初顔合わせ

職長：せっかくの機会だから、送り出し教育もやってもらえるかなぁ。

香取：そう思って、資料も準備しておきました。

職長：(資料を見ながら) 段取りいいね。現場も同じように頼むよ。

香取：工事概要から説明します。工事場所は、・・・。

由香：(案内図を見ながら) このあたりに美味しいケーキ屋さんがあったわ。

香取：僕もケーキ好きですから、後で教えてくださいね。

職長：由香、香取さんの話の腰を折らないように！

香取：え〜と、建物の規模は・・・。

職長：分譲マンションだから、デベロッパーの仕様書もよく見ておかないといけないな。

香取：分譲マンションは確認申請が許可されたら販売に入るので、設計図書よりもパンフレットが優先になります。

職長：そうだね。パンフレットのコンセントやスイッチの位置と、施工図の照合チェックを確実にやっといてね。

香取：これが、築城建設からもらった作業所ルールです。

職長：近隣協定があって、作業時間は8時から18時までか。工程管理をしてもらっても、時間をオーバーするときはあるとは思うけれど・・・。

香取：そのときになったら、元請と相談します。たぶん、音の出ない工事ならば問題ないと思います。

〔作業所ルール（一部）の例〕

- 安全施工サイクル
  8:00〜　朝礼、ＫＹ、ＴＢＭミーティング
  　　　　朝礼は全員参加、ＫＹで決めたことは必ず遵守すること
  ・・・・・・
- 防護具　保安帽、安全帯、安全靴などを正しく身につけること
  　　　　２ｍ以上の作業では、安全帯を使用すること
  　　　　新規入場者教育の若葉マークは１週間付けること
- 車　両　駐車場は指定駐車場を使用し、路上駐車しないこと
  　　　　誘導員に従い、門扉は常時閉じておくこと
- 喫　煙　喫煙は指定した場所で行うこと
  　　　　現場周辺の路上で喫煙しないこと
- 環　境　廃棄物は分別ルールに則って指定した場所に収集すること
  　　　　弁当のごみは各自持ち帰り処分すること
  ・・・・・・

第1章 最初が肝心！ 事前準備

職長：（作業所ルールを聞いた後で）どれも当然守るべきことだよ。

香取：本当ですか。僕もラーメンには目がないんです。

香取：（共感して）佐藤さんみたいに考えてくれる人たちばかりだと助かるんです。次に、作業に関しての注意事項を作業手順書で説明します。地下工事では・・・。

職長：おいおい、香取さんの話の腰を折らないように言ってあるだろう！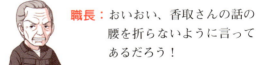

由香：ちょっと思い出したけれど、近所に美味しいラーメン屋があったわ。

由香：へへぇ、香取さんとは気が合いそうだわ。

〔送り出し教育の内容の例〕

- 工事概要
- 作業所のルール、安全施工サイクル
- 作業手順〔施工要領書（作業手順書）により説明〕
- 当社の安全衛生方針
- 近隣対策
- 健康状態、持病の有無の確認、など

※送り出し教育は、法的には作業者を雇用している二次下請けの事業者の役割になりますが、「作業所のルール」などの工事情報を持つ一次下請けが代わりに実施しています。

まとめ

協力業者との初顔合わせでは必要書類を提出してもらったり、送り出し教育を行ったりする。

⑩ 仮設電気工事

築城建設の仮設事務所で、香取君と北川所長が打合せをしています。

北川：仮設電気の引込み工事は、早期に必要だったので、ほかの電気業者に頼んだけれど、工事中の仮設電気工事を見積もってくれないかなぁ。

香取：承知いたしました。

北川：本工事の職人の空いた時間で、仮設電気工事をするようにして、コストダウンだからね。

香取：厳しいお言葉です。

北川：ほかには、どんなコストダウンがあるんだい。

香取：仮設電気の機器の手配で、レンタルとの比較をするとか‥。

北川：照明器具では、蛍光灯型のものがあるけれど、どうなんだろうか。

香取：電気料金としては1/3程度になりますが、機器の価格が高いので比較検討してみます。

北川：仮設電気の詳細は、中野と打合せしてね。

香取：はい、打合せします。

北川所長から中野さんに交替して。

中野：仮設電気容量を検討した資料があるから、これを参考にしてね。

香取：月ごとに工事で使う機器や揚重機の電気量を一覧表にしてあるんですね。

39

第1章 最初が肝心！ 事前準備

中野：100Vは過去のデータからだいたいの目安はあるけれど、200Vは現場ごとの機器で条件が違うから算出が必要なの。これでピーク時に必要な容量がわかるし、100Vと200Vのそれぞれの容量が判断できるわ。

香取：容量が小さすぎれば工事に支障が出るし、大きすぎれば電気料金がムダにかかってしまうってことですね。

中野：ピーク時の容量に対して、需要率係数の設定が難しいところなの。だいたい50％〜70％の係数で設定するんだけれど・・・。

香取：すべての機器を同時に使うわけではないから、累計した総量に対して同時に使う可能性を判断するんですね。

中野：仮設電気では、容量不足や漏電でブレーカが落ちて、工事が中断することは避けたいわね。

香取：ブレーカが落ちて工具の音がしなくなり、シーンとした状態は嫌ですから。

中野：仮に10分の停電でも50人の作業員がいれば500分だから、合わせれば8時間以上のロスになってしまうのよ。

香取：それって、作業員一人工分になります。

中野：それだけでなく、せっかく仕事に乗っていたのに中断されて、イライラした雰囲気になり、やる気をなくすことがあるでしょ。

香取：集中が途切れると、戻るまでに時間がかかります。

〔仮設電気に係る使用電力集計表の例〕

ボルト	項目	工事工程		
		○○年 1月	○○年 2月	○○年 3月
200V	タワークレーン			
	ロングリフト			
	ハイウォッシャー			
	バイブレーター			
	溶接機			
	水中ポンプ			
	揚水ポンプ			
	水銀灯			
	事務所エアコン			
	本設ＥＬＶ			
100V	電灯			
	投光器			
	丸鋸			
	ドリル			
	コンプレッサー			
	200V合計			
	100V合計			
	総合計			

❿ 仮設電気工事

中野：もし、パソコンで作成中のデータが消えてしまったらどうするの！

香取：なんか実体験がありそうですね・・・。

中野：分電盤には万が一ブレーカが落ちたときに、問題箇所を特定できるように配線の行先表示を必ず付けておいてね。

香取：問題箇所が発見できないと、復旧もできないです。

中野：そうそう、分電盤の取扱責任者は香取さんにしておいたからね。

香取：はい、後で分電盤を確認しておきます！

中野：仮設電気は建築工事と一体となって進めてほしいの。

香取：基礎工事までは、どんな仮設電気が必要でしょうか？

中野：建物に奥行きがあるから、ここに小分電盤を付けてもらえると便利ね。

総合仮設図を見ながら。

香取：総合仮設図では、外部足場が将来この位置にきますから、仮囲いのここに付ければ、ずっと使えますね。

中野：そこでいいわ。それから、水中ポンプをセットする釜場（かまば）を3カ所予定しているから、そこまで電源を持ってといてね。

香取：水中ポンプは何ボルトのものですか。

中野：大量に水は出ないから、100Vでいいわ。コンセントの接続部は水が入らないように、たとえ暴風雨でも漏電にならないように、確実に保護しておいてね。

香取：もし水中ポンプが止まったら、現場内が水浸しになってしまいますから。

中野：そのときには、香取さんはひしゃくとバケツを持って来てね。

香取：・・・。

中野：躯体工事では、各階で電源が使えるように計画して。型枠工事が進んでスラブ型枠ができてくると、作業場所が暗くなるから仮設照明が必要になるわ。

香取：仮設照明は、各住戸のここら辺とここの2カ所でいいですか。

中野：この部屋にも必要だわ。内装工事で引き続き使えるように、コンセントもつけてね。配線はFケーブルで、コンクリートに打ち込むんでしょ。そのときの注意点は？

香取：え～と、コンクリート打設時に水がかかっても大丈夫なように、コンセントをビニールで養生をしておく。

第1章 最初が肝心！事前準備

中野：それもそうだけれど、型枠解体工事に支障が出ないように、コンパネ同士のジョイントから配線を出しておくこと。

香取：後工程を考えて、ということですね。

中野：内装工事になって天井が貼られると、仮設照明の配線が仕上げの邪魔になり、ダメ工事※を残すことがあるわ。

香取：天井下地の段階で、ダウンライトや照明器具がつく位置から出します。

中野：仕上材や器具付けまで、先を読んで仮設電気を計画してもらえれば大丈夫ね。

香取：先を読んで盛り替えを少なくすることが、仮設電気工事の計画で重要な観点ですから。

中野：だいぶ安くできそうね。

香取：・・・（こんなことで負けるもんかぁ）。

※ダメ工事：なんらかの要因で施工できない部分が残ってしまい、後で施工しなければならない工事

まとめ

仮設電気工事は工程に合わせて、先を読んで盛り替えの少ない計画を実施する

11 スリーブ図の作成

香取：スリーブ図を描いたんですが、築城建設に提出する前に見ていただけますか。

桜井：いいわよ。

香取：元請からもらった躯体図をベースにして作成しました。

桜井：電気設備の設計図と照らし合わせながら、スリーブ径を決めたんでしょ？

香取：はい、配線の径と数に対して、スリーブ径を決めています。

桜井：構造仕様書のスリーブの基準は確認した？

香取：はい、径が100以上の場合は、スリーブ補強が必要です。

桜井：スリーブ補強が必要な範囲は、現場ごとに構造仕様で確認する必要があるからね。

香取：補強方法も、ですね。

桜井：過去には、電工が補強筋を入れたこともあったけれど、社会的に構造チェックが厳しくなって、今は建築工事で行うことが多いわ。

香取：鉄筋屋さんが事前に鉄筋材を加工し、準備してもらうためには、スリーブ図で箇所と径を伝える必要があります。鉄筋工事の1カ月前までには、渡したいですね。

第1章 最初が肝心！ 事前準備

桜井：壁やスラブの箱抜きなどは電工がやることもあるので、補強筋の仕様には注意が必要だからね。

香取：鉄筋を組む前に、箱を入れさせてもらえればいいんですけれど、・・・。

桜井：鉄筋屋さんとうまく調整できるといいわね。補強筋を入れる場合の注意点は？

香取：鉄筋の径や定着長さが構造仕様に基づくことです。

桜井：あとは、「かぶり」に注意してね。

香取：猫かぶりですか。

桜井：だれも猫なんて付けていないでしょ！かぶりは何のためにあるの？

香取：強度の問題かなぁ。

桜井：それもあるけれど、コンクリートはアルカリ性で、鉄筋が錆びることを防いでいるの。空気中の二酸化炭素などで、表面からコンクリートの中性化が進み、かぶりが少ないと鉄筋が錆びるまでの時間が短くなるってことなの。

香取：鉄筋の「運命」を決めているのは、かぶりだったんですね！

各階のスリーブ図を見ながら、

桜井：ここのスリーブの位置が柱に近いけれど、基準は守られているかしら。

香取：えーと、柱からは梁成(はりせい)以上離す必要があります。あっ、若干足りません。

桜井：若干でも、検査ではアウトになるわ。スリーブは柱側よりも梁の中央部が望ましいのよ。

香取：もう一度、全部チェックしておきます。

〔かぶりの役割〕

何がしたい…

補強筋でもかぶりをとることが求められている。スリーブと補強筋は、かぶり厚さ離す必要がある。

コンクリート / 鉄筋

〔かぶりとは〕
コンクリートで鉄筋を覆っている部分を「かぶり」という。

〔かぶりの役割〕
① 鉄筋を錆から守る役割
② 火事などで耐火被覆の役割
③ 構造耐力上の強度の役割

運命！

⑪ スリーブ図の作成

〔スリーブの位置の基準例〕

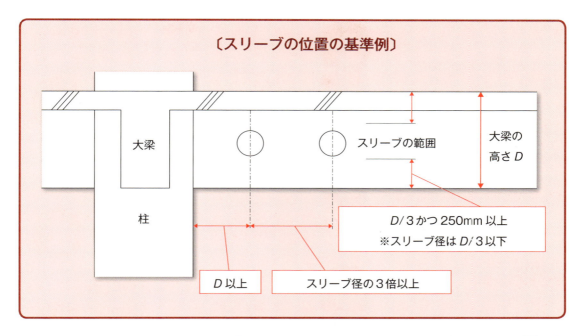

桜井：梁主筋の鉄筋径と本数を見れば、応力のかかり方がわかるわ。柱際(きわ)の梁の鉄筋量が多いのは、それだけ応力がかかるってことなの。

香取：そこにスリーブで穴を開けてしまうと、構造的に不利になるということですね。

桜井：補強をしても、やはり欠損だからね。

香取：スリーブの位置には十分に注意します！

桜井：個々のスリーブが基準を満たしていても、集まってしまうと欠損が集中してしまうわ。

香取：基準では、スリーブ径の平均値の3倍以上離すようになっています。

桜井：設備スリーブとの関係は検討したの。

香取：まだでした。

桜井：設備スリーブのほうが径も大きく量も多いから、調整が必要よ。

香取：設備代理人の沢村さんと連絡をとって打合せします。

桜井：設備の排水は、水勾配(こうばい)があるから最優先でスリーブの位置が決まるの。ダクトは雨の吹込みや結露水がたまらないように、多少勾配への配慮が必要だし、急に曲げたりすると音が出たりすることがあるわ。一方、電気は割りと自由がきくから、空いているところに通すことが多いのよ。

香取：僕のように柔軟なんですね！

桜井：よぉ〜く考えたうえで、柔軟に対応してね。一番上が給排水、中間がダクト、一番下が電気になることが多いみたい。

地中梁のスリーブ図を見て、

桜井：この建物は地下ピットになっているけれど、外部からの貫通スリーブがあるわね。

香取：はい、幹線が入ってくる所が、1箇所あります。

桜井：そこの納まりはどうなっているの？

香取：一応、つば付きの鋼管スリーブをコンクリートに打ち込む予定です。

桜井：一応って、自信のないときに使う言葉よ。どんな納まりなの？

香取：実は、まだ決めていません。

桜井：地下ピットであっても、水が入らないように、止水を考えた納まりにしてね。

香取：はい、後で納まり図を描きますので、見ていただけますか。

桜井：いいわよ。

香取：いろいろと教えていただき、ありがとうございました。これで、スリーブ図もなんとかなりそうです。

桜井：電工さんが迷わずに仕事ができる段取りが、監督の役目だからね。

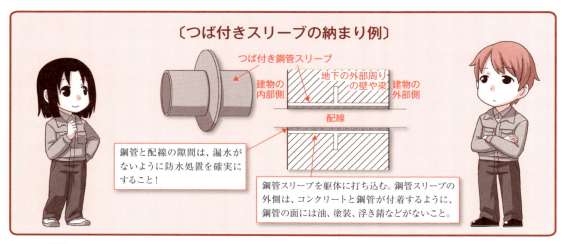

〔つば付きスリーブの納まり例〕

まとめ

スリーブ図は構造や止水なども検討しながら作成する。

⑫ 協力会社の新規入場と接地工事

香取君は7時40分ごろに現場に入りました。すでに幸流電設の佐藤さんたちは待機しています。

香取：おはようございます。

佐藤職長：おはよう。

由香：おはよう〜す。

香取：今日が初日ですが、よろしくお願いします。

職長：よろしく。さっき、元請の所に行って、挨拶してきたよ。

香取：そうですか、ありがとうございます。自分もちょっと行ってきます。

香取君は重機のオペさんや根切工事の土工さんたちに挨拶をしながら、元請がいる仮設事務所の二階に向かいます。

香取：おはようございます。

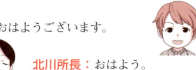
北川所長：おはよう。

中野：おはようございます。

香取：今日から電工が入りますので、よろしくお願いします。

所長：ああ、さっき挨拶に来たけれど、礼儀正しくてなかなかよかったよ。

中野：労働者名簿などの提出書類は事前にいただいているけれど、朝礼後に新規入場者教育をやるので、受けさせてね。

香取：承知しました。

元請による朝礼が終わり、新規入場者教育に立ち会っています。

47

第1章 最初が肝心！ 事前準備

〔新規入場者教育の内容の例〕

- 工事概要、組織体制（連絡体制、指示命令系統）、近隣協定など
- 安全衛生方針、安全衛生目標、安全衛生計画
- 現場ルール・規則、安全の留意事項
- 現在の工程、危険箇所、立入り禁止区域
  ※根切工事の危険箇所の説明
- 担当する作業内容に関する危険性（事故例）と対策
  ※電気工事の作業に関連する危険性について
- 作業所の安全衛生行事・避難に関する事項、など
  ※新規入場者教育を含む安全教育については、安衛法第30条第1項4号、安衛規則第638条及び第642条の3に定められている。

中野：死亡災害について見たときに、最初の1週間で死亡災害の約半数が、さらに1週間で見たときに、そのうちの約半数の死亡災害が初日に起きています。

由香：現場に慣れていないと、事故も起きやすいってことね。

中野：当現場での事故を防ぐためにも、新規入場者教育は大切なことだから、しっかり聞いてください。まず、現場の概要を簡単に説明します…。

一通り説明が終わった後で。

中野：これから1週間は、この新規入場者マークをヘルメットに付けてください。

香取：自動車の若葉マークのように、周囲も注意して見てくれるということですね。

根切工事も奥から順次床付けをしていく段階に入っています。電工はアース盤などの材料の準備を終えました。

香取：そろそろ根切工事もアース盤の設置をする箇所に近づいてきましたね。

職長：土質を見ていると、接地抵抗は大丈夫そうだね。

香取：それを聞いて安心しました。接地抵抗値が基準を満たさないと、電力会社は電気を供給してくれませんから。

職長：過去にボーリングをしたり接地抵抗低減剤を使ったり、苦労したことがあるよ。

由香：汗だくで掘り続けたこともあったわ。

香取：汗と涙の結晶ですね。

由香：別に泣いてなんかいないわよ！

香取君はアース盤、アース棒の設置場所で、掘削中のユンボのオペに声をかけます。

⑫ 協力会社の新規入場と接地工事

香取：オペさん、お願いがあるんですが、そこにアース盤を埋めるので、そこだけ掘り下げてもらえないでしょうか。

 オペ：しょうがねえなぁ。どのくらい掘るんだ。こんなところでいいのか。

香取：バケットで、もう一かきお願いします。土は脇に置いてもらうと助かります。

 オペ：注文が多いね。こんなところでどうだ。

香取：それでOKです。オペさん、腕がいいですねぇ。

 オペ：あったりめぇだぁ。

 職長：ありがとうございます。助かりました。

オペ：いいってことよ。

　香取君は10時の休憩時には、オペさんにジュースを持って行って再度お礼をいいました。その後、アース盤、アース棒の設置も終わり、香取君は接地抵抗の測定をします。

職長：アース盤の設置も終わったので、接地抵抗の測定をお願いします。

香取：（測定値を見ながら）佐藤さんが言ってたように、抵抗値の基準は合格です。写真を撮りますので、手伝ってもらえますか。

職長：デジタルカメラになってから、その場で映りの良し悪しまでわかるから便利だね。

香取：由香さん、黒板の位置をもう少し上にしてもらえますか。

由香：こんなところでいい？

香取：OKです、撮りますよ、1足す1は。

由香：ニー、やだぁ、思わず「ニー」って言っちゃったわ。

〔接地工事の種類の概要〕

工事種類	接地抵抗値	接地線太さ	備考
A種	10Ω 以下	直径2.6mm以上	特別高圧計器用変成器の二次側電路、高圧または特別高圧機器の金属架台および金属ケースの接地などにより、危険性を減少させるため
B種	計算値	直径4.0mm以上	高圧または特別高圧が低圧と混触するおそれがある場合に、低圧電路の保護のため
C種	10Ω 以下	直径1.6mm以上	300Vを超える低圧機器の金属架台および金属ケースの接地など、漏電による感電などを防ぐため
D種	100Ω 以下	直径1.6mm以上	300V以下の低圧機器の金属架台および金属ケースの接地など、漏電などの危険性を減少させるため

※詳細は電気設備技術基準をご確認ください。

第1章 最初が肝心！ 事前準備

香取：接地工事が無事に終わってほっとしました。

職長：ユンボのオペに掘削を頼んでくれたんで、だいぶ早く終わったよ。

香取：この後は、接地線の種別表示と保護をよろしくお願いします。鉄筋棒を地面から立てて、接地線は束ねて、地上から離しておくんでしょ。

職長：それでも他職の作業で倒されてしまうことがあるから、捨コン打ちと耐圧盤打設のときには、接地線がコンクリートに埋まらないように、確認が必要だね。

香取：先の話ですけれど、水切金物で浸透水を防止する仕様になっていますから。

由香：水切金物を付けないとどうなるの？

職長：毛細管現象で電線のケーブル内部を、水が上がってきてしまうんだよ。

由香：まるで植物みたいね。

香取：緑の接地線だから蔦（つた）かなぁ。

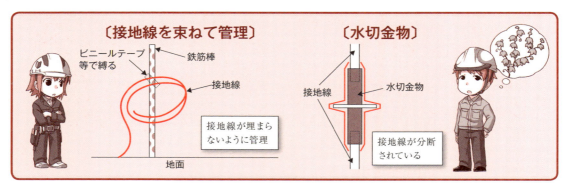

〔接地線を束ねて管理〕　ビニールテープ等で縛る　鉄筋棒　接地線　接地線が埋まらないように管理　地面

〔水切金物〕　接地線　水切金物　接地線が分断されている

まとめ

・現場に新しく入る場合、新規入場者教育を受ける必要がある。
・接地工事は電気設備技術基準に従って行う。

コラム①

現場代理人一日現場密着!

実際に現場代理人は、どういった仕事をしているのか、その一日をのぞいてみましょう。

AM 8:00
『ラジオ体操』
　現場の作業にあたる電工さんと一緒に建築全体で行います。

AM 8:30
『デスクワーク』
　現場事務所に戻って、これから行う施工の確認と施工図作成の準備をしています。

AM 8:10
『KY活動』
　今日の危険が予想される作業や場所の注意を喚起します。

AM10:00
『現場巡回』
　施工の状況を確認しています。

AM 8:20
『TBM(ツールボックスミーティング)』
　作業を行う人たちと今日の作業を確認します。

AM11:00
『確認』
　電工さんの作業の様子も確認しています。

PM12:00
『お昼休憩』
　お昼です。しっかり食べて午後の仕事に備えます。

PM1:00
『打合せ』
　電工さんへの作業の現場打合せです。

PM2:00
『機材の搬入』
　立ち会って確認を行っています。

PM3:00
『3時休憩』
　電工さんと一緒に休憩しながら、気が付いたところを話し合っています。

PM3:30
『定例会議』
　建築や他の現場代理人と打合せを行います。

PM5:00
『写真整理』
　現場で撮影した写真の整理をしています。

今日一日お疲れさまでした！

取材協力：共立電設株式会社

第2章

日々行う管理業務

- ⑬ 初回の定例会議
- ⑭ 施工図の作成と管理
- ⑮ 資機材の発注管理
- ⑯ リスクアセスメントと安全指示
- ⑰ 搬入計画と受入検査
- ⑱ 資材置き場と加工場の管理
- ⑲ 短期工程表と工程調整
- ⑳ 予算実績管理
- ㉑ 協力会社への支払い管理
- ㉒ 躯体工事中の品質管理
- ㉓ 現場安全確認
- ㉔ 定例会議と設計変更
- ◆ コラム②:現場代理人の資格

13 初回の定例会議

香取君は会社で、定例会議の準備をしています。

部長：これから定例会議だね。

香取：ええ、初回の定例会議です。

桜井：定例会議でみんなと対等に話ができるようになれば、一人前よ。

香取：たぶん、私が一番年下なんでしょうね。

部長：年に関わりなく、白煌電気工事の代表者なんだからな。

桜井：そうよ、はっきりと言うべきことは言わなければだめよ。

香取：はい、しっかりやってきます！

香取君を見送った後で。

部長：プレッシャーをかけすぎたかなぁ。

桜井：おっとりしているから、あのくらいで丁度いいと思います。

部長：競技に参加するわが子を、遠くから気づかう母親のようだよ。

桜井：あるいはわが子を「初めてのお使い」に出す母親かもしれませんね。

　築城建設の現場事務所の会議室に、参加者が集まってきています。参加者はデベロッパーの現場担当者の森下課長、設計事務所の白鳥先生、元請の北川所長と中野さん、設備代理人の沢村さん、そして香取君の予定です。

⑬初回の定例会議

香取：沢村さん、この間はスリーブ図の打合せ、ありがとうございました。

沢村：香取君のおかげで、打合せもスムーズにいって助かったよ。

「設備は排水勾配(こうばい)があるから、スリーブの位置の調整が必要だった」と思い出す香取君でした。出入口のほうから声が聞こえてきたので…

香取：デベロッパーの森下さんと白鳥先生がいらっしゃったみたいですね。

沢村：そのようだね。

席から立ち上がって名刺を準備して待っていると、白鳥先生が入ってきました。

白鳥：森下課長、こちらへどうぞ。

森下：こんにちは。

香取・沢村：こんにちは。

白鳥先生とは以前にお会いしているので、森下氏のところへ近づいて。

沢村：失礼します。碧水設備工業の沢村と申します。設備工事の現場代理人です。よろしくお願いいたします。

香取君は沢村さんの後ろで待っていて、沢村さんの名刺交換が終わったら、すぐに交替して名刺を差し出します。

香取：白煌電気工事の香取と申します。電気工事の現場代理人です。よろしくお願いいたします。

森下：ライト不動産の森下と申します。よろしくお願いいたします。

元請の北川所長、中野さんも部屋に入ってきて、それぞれが席に着きました。

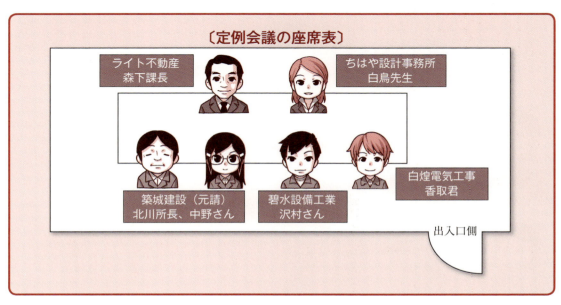
〔定例会議の座席表〕

55

第2章 日々行う 管理業務

北川：それでは、第1回定例会議を開催いたします。本日は初回ですので、16時から17時30分まで定例会を開催し、18時から20時まで顔合わせ会を予定しています。次回からは、毎週火曜日の14時から2時間程度を定例会議として、定期的に開催させていただきますが、よろしいでしょうか？

事前の根回しもあり、各自がうなずく。

北川：それでは、工程の進捗（ちょく）状況からご報告します。

中野：全体工程表からの遅れはありません。お手元の短期工程表を見ていただけますでしょうか。根切工事が進捗中で、本日は…。

工程の説明を聞いた後で。

白鳥：要するに、工程は工程表どおりということよね。

北川：はい、予定どおりです。

香取君は「白鳥先生は、あまり工程管理には興味なさそうだなぁ」と思いました。

北川：次に近隣状況について、ご説明します。

中野：近隣協定の時間は守られています。クレームではありませんが、近隣の小原さんから根切工事の期間を聞かれました。工程表で工程の作業内容と、音が出る期間を説明しました。

白鳥：小原さんって、あの細かい人でしょ。

中野：ええ、細かい人ですが、「工事のことを細かく知っていたい」だけのようです。工程説明を先に先に行うように、気をつけたいと考えています。

森下：近隣とこじれると困るので、対応よろしくお願いしますね。

中野：承知いたしました。

香取君は「白鳥先生と近隣の小原さんって、きっと相性が悪いんだろうなぁ」と思いました。

北川：次に施工関係の納まりについて、質疑させていただきたいと思います。

定例会議を引き続き行い、17時30分から中野さんを残して場所を移動しました。

⓭ 初回の定例会議

〔会社と登場人物の関係図〕

（株）ライト不動産　森下課長
建築主。デベロッパー。土地を仕入れ、分譲マンションを建設し、販売をする。

←請負契約→　　←設計委託契約→

 （株）築城建設　北川所長、中野さん
元請。ゼネコン。協力会社を統括し、建物を完成させる。

 （株）ちはや設計事務所　白鳥先生
設計事務所。設計および工事監理を行う

←請負契約→　　←請負契約→

 （株）白煌電気工事　遠山部長、桜井先輩、香取君
下請。専門工事会社。建物の電気工事の施工管理を行う。

 （株）碧水設備工業　沢村さん
下請。専門工事会社。建物の給排水空調設備工事の施工管理を行う。

←請負契約→

 （株）幸流電設　佐藤達也職長、佐藤由香さん
再下請。専門工事会社。建物の電気工事の技能を担う。

　個室が予約してあり、各自が座席につくとビールが注がれました。

北川：どうもお疲れさまでした。それでは、乾杯の音頭は森下課長にお願いできますでしょうか。

森下：これから協力し合って建物を完成させていきたいと思います。トラブルなく無事に竣工することを祈願して、乾杯！

全員：乾杯！

　その後、1時間ほど遅れて中野さんも参加し、白鳥先生がしゃべり続けて、香取君はうなずくばかりでした。会が終わってからも付き合いがあり、香取君がへとへとになって家にたどり着いた時間は、すでに夜半過ぎになっていました。

香取：こんなことで負けるもんか！

まとめ

施初回の定例会議でも、
　　対等に意見を言えるようにがんばろう！

第2章 日々行う 管理業務

14 施工図の作成と管理

部長と香取君は施工図について話をしています。

部長：香取君、施工図の作成状況はどんな具合だい？

香取：はい、施工図リストを作成して、空き時間をうまく使って予定どおりに進んでいます。

部長：施工図を外注に出すところもあるけれど、うちでは各現場で描いてもらっているんだが…。

施工図作成！

香取：施工図を外注に出しても、設計図に少し書き加えた程度のものになっているし、納まりが検討しきれていないことが多いですね。

部長：外注業者が検討に時間をかけると、採算に合わなくなるからなぁ。

香取：施工図を描くことで、建築や設備との関係などの事前検討ができるし、設計内容が頭の中に入ってきます。

部長：そう理解してもらえると、うれしいね。

香取：施工図は協力業者に指示するロードマップみたいなものですから。

部長：（うなずきながら）そのとおり！施工図がしっかりしていれば、香取君が立ち会わなくても、現場はスムーズに流れていくんだよ。

香取：施工図がわかりにくくて、職長に叱られたこともありました。施工する人への配慮が重要なんですね。

⑭ 施工図の作成と管理

〔施工図は協力業者への伝達手段〕

設計図書 → 施工図 → 建物で具現化

発注者、設計者の要求事項を表したもの。未決定の部分や詳細がない部分もある。

不明確なところがないように現場の納まりを検討し、職人が思い違いをしないようにわかりやすく伝える。

施工図の間違いや検討が不十分なところがあると、現場で品質トラブルが生じる。

香取君は桜井先輩に施工図のチェックをお願いしています。

桜井：施工図の作成が順調なようね。

香取：施工図リストで、全体のボリュームがわかりますから、それを工程表に合わせながら管理しています。

桜井：どんな施工図があるの？

香取：幹線、動力、接地、電灯コンセント、非常照明、避難灯、防災設備などです。

桜井：作成順序はどうしているの？

香取：建築では躯体が先行しますから、躯体に関係するところ、躯体の貫通部分などが先になります。壁をふかしてもらわなければならないときもあります。

桜井：電気室やEPSの納まりは、最初に検討しておいてね。

香取：コンクリートを打った後で、納まらなかったら最悪です！

桜井：検討したら機器が納まらずに、躯体壁を変更してもらった現場があるわ。

香取：広い部屋はいいけれど、狭い部屋は嫌だなぁ。

桜井：なに贅沢なこと言っているの。狭い所にうまく納めるのが重要なんでしょ。

香取：施工図にはまだまだ未決定部分があって、定例会議で打合せしながら決めていきます。

桜井：最初からすべて完成するのは難しいから、施工図は仕様や納まりを決めながら進めていくの。設計変更で、壁の位置が変われば施工図も変わるし、常に施工図を修正していくことになるわ。

香取：「貧乏暇なし」ですね。

桜井：忙しいことだけは確かね。

第2章 日々行う管理業務

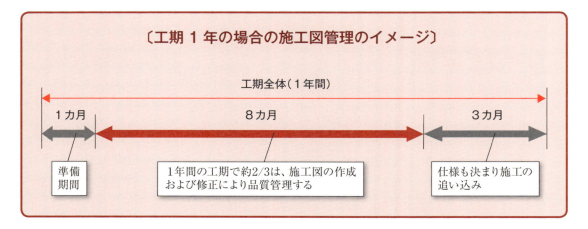

〔工期1年の場合の施工図管理のイメージ〕

工期全体（1年間）
1カ月：準備期間
8カ月：1年間の工期で約2/3は、施工図の作成および修正により品質管理する
3カ月：仕様も決まり施工の追い込み

香取：建築と設備と電気の取り合いを検討する総合図をだれがまとめるかということになったんですが、勉強のためだからと私が作ることになってしまいました。

桜井：それは大変ね。

香取：CADソフトが同じだと助かるんだけれど…。

桜井：CADソフトにはBIM※っていって、3Dで納まりを検討できるものもあるわ。

香取：建物の中をあらゆる方向から自由に見れるなんて、すごいですね。

桜井：複雑な配管でも、納まっているかどうかが確認できるわ。

香取：「施工段階で配管ができない」といった落とし穴がなくなりますね。

桜井：落とし穴に落ちないように、総合図をきちんとチェックすれば大丈夫よ。

香取：躯体の床などの貫通部分では、梁の位置に十分注意します！

桜井：設備との取り合いは、どんなチェックをするの？

香取：各設備機器に対して適切に電源が準備されているかチェックします。

桜井：設備機器を追加して、電気設計図を直していなかった例もあるわ。

香取：後は大丈夫かなぁ。

桜井：仮設工事も場合によっては、施工の支障になるケースがあるの。例えば、仮設エレベーターがラックと重なってしまったような場合。

香取：建築屋さんの仮設図面も見ておかないといけないですね。

※BIM（ビルディングインフォメーションモデリング）：平面図、立面図などの2次元の概念ではなく、最初から3次元で図面が作られ、躯体、配管などの納まりを立体的に見ることができる。

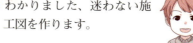

香取君は協力業者と施工図の話をしています。

佐藤職長：電気工事は点と線でできているから、施工図ではそれらを明確にすることだよ。

香取：「点」はスイッチ、コンセント、電話、照明、盤なんかのことで、位置ボックスが明確になったら、それをつなぐ配線やケーブルが「線」になるんですね。

職長：点の位置は、レベルと通り芯からの寸法を明確にすること。出幅は仕上げによって変わるから、仕上げに合わせることになるんだよ。

香取：わかりました、迷わない施工図を作ります。

由香：ねぇ、「ここが大切！」って、指をさしている猫のイラストが可愛い！

香取：でしょ、なごめる施工図にしました。

職長：（香取君は俺が猫好きなのを知っているのか！？）

まとめ

施工図は品質管理の要。
最新の状態へのメンテナンスが必要。

第2章 日々行う管理業務

15 資機材の発注管理

香取君は部長と発注計画について話をしています。

部長：香取君、資材の発注計画はできたのか？

香取：はい、建築工程に合わせて、おおよその発注・納入計画を作成しました。

部長：どれどれ、盤の製作期間は3カ月で見ているのかい。

香取：実際にはもう少し短い期間で作成できると思いますが、3カ月間で計画しました。

部長：念のため、製作物は工場の混み具合も確認しておくように。

香取：はい、連絡を取り合って、状況を確認しながら進めます。

部長：製作物は仕様承認の時期の管理も重要だぞ。

香取：設計図書に盤が記載されていますが、現場の納まりで寸法が変わったり、設備の仕様が変わると変圧器への負荷が変わり、盤の寸法が変わったりすることもあります。盤の焼き付けの色が、なかなか決まらないこともあります。

部長：相手がいることなので、結構苦労するところだ。発注計画に基づいて承認の時期を、早い段階から言っておくことが大切だ。過去に製作期間が足りず、納品が間に合わないために、すぐ対応できるメーカーに変更しなければならなかった現場もあったよ。

香取：「決めてください！アピール」が必要なんですね。

部長：資材の発注では、不足すれば作業がストップしてしまうけれど、多過ぎれば場所をとってしまうから要注意だ。

香取：「タイミングよく適量を！」ですね。

〔ジャストインタイム※の発注管理〕

(×)納品が早すぎる	・現場で場所を取り、じゃまになる ・在庫管理に手間を取られる ・よけいな小運搬が発生する
(○)ジャストインタイムで納品する	・作業スペースのじゃまにならない ・作業場所の近くに配置できる ・在庫管理が少なくなる
(×)納品が遅すぎる	・作業が手待ちになる ・作業手順が逆になると、電工の人工がかさむ ・ダメ工事が残ると、品質が悪くなる

※ジャストインタイム：必要とする時期に、必要な材料を供給する方法。

⑮資機材の発注管理

香取君は桜井先輩に発注について教わっています。

桜井：積算時に設計図書から数量を拾い出しているけれど、設計図書では2点間をただ線で結んでいるだけの場合もあるの。

香取：施工図で施工方法を考えながら、拾い出すことが必要なんですね。

桜井：ラックにケーブルを流すのでも、ラックがカーブしている場合、内側と外側ではケーブルの長さが少し変わる。それが累積すれば、余裕の見方も違ってくるわ。

香取：平面的にまっすぐでも、上下に迂回している場合もあります。

桜井：ケーブルを頼むときに短いとアウトだし、長すぎればムダなコストが発生するけれど、どうやって注文するつもり？

香取：ぴったりは難しいので、施工図で拾い出した数値に、その距離に応じて5mとか10mとか、必要な余裕を判断して注文します。

桜井：材料のロス率の管理は、コスト管理でもあるの。その精度を上げるのがベテランのノウハウなのよ。

香取：「数量 × 単価 ＝ 金額」だから、コストダウンは単価を下げるのと同じように、数量削減が効果的なんですね。

桜井：各階がほぼ同じマンションだと、算出した数量が何度も使えるから便利ね。

香取：計画と実績の比較もできますから、発注予測に役立ちます。

桜井：発注してしまったら返品はなかなかできないから、発注のときにロスがないか考えないといけないわ。

香取：発注予定数量を見ながら、終わりに近くなったら現場の在庫を確認して、余りが出ないように発注します。

〔材料のムダはコストのムダ〕

●実行予算：単価1,000円
1,000円 × 3,000個 ＝ 3,000,000円

●購買管理：資材の単価交渉で単価を5％下げた
1,000円×5％＝50円 × 3,000個 ＝ 150,000円

●発注管理：資材を5％削減した
単価1,000円 × 3,000個×5％＝150個 ＝ 150,000円

同じ効果

ポイント①　単価を下げても、資材を余らせればコストダウン効果は相殺されてしまう。

第2章 日々行う管理業務

〔資材台帳の例〕

箇所	計画		実績			発注残
	予定数量	累計	日付	発注数量	累計	
1階	500	500	3月20日	500	500	2,500
2階	450	950	4月10日	450	950	2,050
3階	400	1,350	4月30日	400	1,350	1,650
8階	400	3,000				
合計	3,000					

● 発注時の管理が重要
● 最後の段階の発注では現場の状況を確認して、余らせないように発注する

桜井：いい心がけね。発注時に管理するためには、発注したときに「資材台帳」付けが必要になるわ。台帳付けをしていないと、支払い時の管理になってしまい、計画数量を超えて発注していることに気づかないこともあるの。

香取：飲み食いした後で、カロリーオーバーに気づくようなものですね。

桜井：なんか皮肉(ひにく)なたとえね！

香取：わぁ～、そんなつもりはありません。

協力会社と資材の納品について打合せしています。

香取：これらのものを搬入する予定だけれど、不足しているものはあるかなぁ。

職長：そうだね、CD管を追加しておいて。

香取：はい、承知しました。

由香：それと、ピザも追加しておいて。

香取：はい、承知し…、あやうく乗せられるところだった！

まとめ

**資機材の発注管理は時期が重要！
タイミングよくムダなく行う。**

16 リスクアセスメントと安全指示

香取君は遠山部長からリスクアセスメントについて教えてもらっています。

部長：昔と比較すると、建設現場の労働災害は減ってきているけれど、死亡災害は全産業の約1/3が建設業で起こっているんだよ。

香取：わぁ～、やはり建設業は危険が多いですね。

部長：だから、工事監督はどんな危険があるのかを事前に把握して、対策を盛り込むことが重要になる。

香取：リスクアセスメントはそのための手法なんですね。

部長：リスクアセスメントは災害防止に効果があるということで、2006年に日本の労働安全衛生法に取り入れられたんだ。

香取：「リスクが大きい」って言いますが、どうやって計るんですか？

部長：投資や賭け事で「リスクが大きい」って、どんな場合だろう。

香取：「失う可能性が大きい」ってことかなぁ。

部長：そのとおりだね。もう一つ、「失ったときのダメージが大きい」ということもある。

香取：千円だったらかまわないけれど、百万円だったらリスクが大きいと感じ、躊躇(ちゅうちょ)するってことですね。

部長：リスクの評価では、「発生の可能性（頻度）」と「結果の重大性（深刻度）」がよく使われているんだ。ここに様式があるから、やってみてくれ。

香取：さっそくやってみます。

〔リスクアセスメントのステップの例〕

作業手順（作業全体の流れ）

危険源の洗い出し　　「足場から落ちる」「カッターで指を切る」といった危険予知をする

リスクの評価　　「災害の重大性」「発生の可能性」で評価する

リスクの大きなものに対して対策　　許容できないリスクに対して対策を立てる

リスクの再評価により妥当性確認　　リスクが下がったか、対策によりほかの危険が生じていないか確認する

作業手順に盛り込んで実施

第2章 日々行う管理業務

今度は、桜井先輩から現場の安全指示について指導してもらっています。

桜井：遠山部長から建設業は労働災害が多い話を聞いたと思うけれど、作業指示と安全指示は一体なの。

 香取：作業指示をしたら、もれなく安全指示もある。お寿司とワサビみたいな関係かなぁ。

桜井：もうお腹がすいたの？安全指示は以前と同じことであっても、毎回伝えておくことが監督の役割として大切なの。

 香取：「指示をする人が、指示される人の安全に配慮する」と教わりました。

桜井：「安全に配慮した記録を残すこと」も重要なのよ。

香取：万が一事故があったときに、安全管理状況を示すためですね。

桜井：そうね、安全書類は記録の役割も大きいから。

香取：朝のKY活動も写真やシートで残しています。

桜井：建設現場では、施工と安全が一体で動く「安全施工サイクル」を毎日回しているけれど、きちんと参加させてね。

香取：(中野主任の顔を思い浮かべながら)協力業者が朝礼に参加しなかったら、元請から叱られてしまいます。

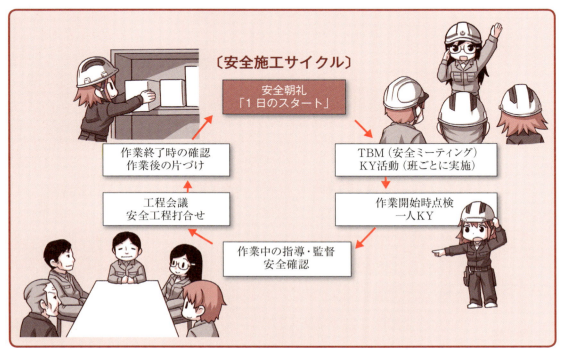

〔安全施工サイクル〕

⑯ リスクアセスメントと安全指示

香取君は現場で、協力業者のKY活動に立ち会っています。職長がKY用紙に日付、作業員名、作業内容を記入しました。

職長：これからKYを始めます。今日の作業では、どんな危険があるのか？

由香：そうねぇ、「足場から落ちる」があるわ。

職長：ほかには？

由香：「脚立から落ちる」

職長：ほかは？

由香：う〜ん。

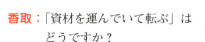
香取：「資材を運んでいて転ぶ」はどうですか？

職長：それ、いいんじゃないか。

由香：しょうがないわね。花を持たせてあげるわ。

職長：それでは、今日の取組みは「足元に注意して移動する」としよう。

一緒にKYシートを指さし唱和した後で

香取：この後、作業場所に行って一人KY（現地KY）をするんですね。

[KYシートの例]

KYシート ○年○月○日	
作業内容	地中梁のスリーブ入れ
危険のポイント	・地足場から落ちる ・脚立から落ちる ・資材の運搬中に転ぶ
私たちはこうする	・足元に注意して移動する
会社名：幸流電設	リーダー：佐藤達也 　　　　作業員 1名

職長：そうだよ。作業する場所で危険がないかどうか、各自が確認してから作業にかかるんだ。

由香：この間は、床から不要鉄筋が出ていて危なかったから、すぐに元請に知らせておいたわ。

香取：きれいな肌に、鉄筋が刺さったら大変ですから。

由香：見てもいないくせに、変なこと言わないでよ！（怒）

香取・職長：・・・・・。

まとめ

リスクアセスメントと安全指示は、現場の安全を守るために重要！

第2章 日々行う 管理業務

17 搬入計画と受入検査

香取君は遠山部長から資材の搬入計画について指導を受けています。

部長：香取君、以前に工程管理の一環として資材の発注計画を検討したね。今度は、実際に資材を現場に搬入するために、必要なことを検討してみようか。

香取：はい、ぜひお願いします。

部長：何事も段取りが大切だが、搬入ではどんな段取りが必要なんだろう？

香取：現場では、搬入車両の時間がぶつかってしまうと荷降ろしができないので、搬入時間の調整が必要です。建築の中野さんに事前に相談して、日時を決めておきます。

部長：躯体工事では、足場材、鉄筋材、型枠材などの荷降ろしに時間がかかるから、工程を確認しながら、他業種とぶつからないように日時を決めないとな。

香取：納品日を変更し忘れて、コンクリート打設日に資材が来てしまい、困ったことがありました。

部長：生コン車がいて、トラックが入れなかっただろうね。

香取：資材保管場所と加工場所についても、他業種との関係がありますので、事前打合せが必要です。

部長：資材の保管スペースが大きくならないように、「資材はタイミングよく適量を」だったね。

香取：荷降ろし場所から保管場所への移動については、職長と打合せしておきます。

部長：保管場所が2階より上になると、揚重方法も計画しておかないとな。

香取：仮設リフトの寸法も確認しておきます。いざというときに、台車が乗らなかったら困りますので。

部長：もう少し後のことだけれど、幹線ケーブルがドラムで入ってくるね。

香取：ドラムってけっこう重いですよね。現場にクレーンがあればいいんですけれど…。

部長：クレーンがなかったら？

香取：トラックをユニック指定で手配しておかなければいけないですね。

部長：マットを敷いて、荷台からマットに落とす方法もあるけれどな。

香取：搬入、荷降ろし、移動、揚重、保管場所と搬入材の流れに沿って、搬入計画を立てておくことが大切ですね！

17 搬入計画と受入検査

〔搬入計画〕

搬入日時	搬入日、搬入時間、トラックの配置など、事前に建築担当者と打合せしておく。
荷降ろし方法	重量のあるドラムや盤は荷降ろし方法を検討し、場合によりユニック指定なども必要。一時荷降ろし場所を確保する。
移動	荷降ろし場所から保管場所への移動方法を計画する。揚重については、リフトやクレーンの使用時間の調整が必要になる。
保管場所	他業者の作業の関係もあるので、保管場所・加工場の位置を事前に建築担当者と打合せしておく。

香取君は、桜井先輩から搬入計画について、アドバイスをもらっています。

桜井：現場では、環境に関して取り組んでいることも多く、搬入材では梱包を少なくするように指導しているの。

香取：ゼロ・エミッション※は、僕のミッションです。

桜井：・・・・？

香取：すみません、特に意味はありません (-_-;)。

桜井：ゼロ・エミッションは、メーカー側でも取り組んでいるの。パレットや通い箱を使ったり、個々に段ボールに入れずに、一つの段ボールに仕切りで対応したりしているわ。

香取：環境に優しく、コストダウンにもなりますね。

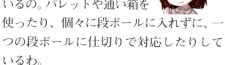

桜井：搬入材の梱包だけでなく、ケーブルを使う長さに切断して、端末を加工してきてもらう場合もあるわ。

香取：工場で加工することで、廃材の発生を防ぐとともに、現場での工数を減らすことができますね。

桜井：配線ではコネクターを付けてもらうことがあるわ。コネクターが付いていると、電工でなくても接続作業ができるの。

香取：機器の接続作業を他業者に頼めれば、合番作業が少なくなりますね。

桜井：合番で待っていることを考えれば、多少お金を出して接続を依頼できれば、ずいぶんと助かるでしょ。

香取：前に先輩が、「システム天井の機器取付けを天井屋さんに依頼した」と言っていました。

桜井：合番作業をなくすか、効率化できれば、電工の生産性が上がることは間違いないわ。

香取：現場監督の知恵の出しようですね。

※ゼロ・エミッション：廃棄物の削減やリサイクルなどにより、社会全体の廃棄物をゼロにする取組みのこと。ミッションは、使命のこと。

第2章 日々行う 管理業務

〔搬入方法、工場加工の検討〕

〔搬入方法の例〕
- 梱包方法の指定
  簡易梱包、機器同士を仕切りで対応
- パレット、通い箱の活用

〔工場加工の例〕
- ケーブルの切断・端末加工
- 配線の切断・コネクター付け
  ⇒ 合番作業を少なくする

香取君は資材の搬入に立ち会っています。

発注した資材の仕様と数量をチェックし、問題のある資材は返品しました。伝票に返品の記載をしてサインし、運転手に渡しました。納品書はファイルに綴じて保管します。保管場所まで資材の移動を終え、香取君は電工と一緒に休憩をとっています。

運転手：この納品伝票にサインをください。

香取：受入確認をしたらサインします。

職長：この資材に傷がついているなぁ。

香取：運転手さん、会社には連絡しておきますので、これは返品しますよ。

由香：あれ、これどこで使うのかなぁ。

香取：それ、間違って入っています。ほかの現場のかなぁ、これも返品です。

由香：おかしいと思った。

香取：搬入も無事に終わってホッとしますね。

由香：電工の材料が周りにあると落ち着くわね。

香取：ちょっとオタクっぽい発言ですね。

由香：それを言うならプロフェッショナルでしょ！

〔受入検査〕

- 発注した資材と納品伝票を確認する
- 納品伝票と、実際の搬入材の仕様と数量を照合する
- 不良品や間違ったものがないか確認する
- 納品伝票は支払いと連動するので、問題がある場合には修正してサインする

まとめ

搬入計画は段取りが大切！
受入検査では、確認してサインする。

18 資材置き場と加工場の管理

香取君は遠山部長から現場の整理・整頓について学んでいます。

部長：言うまでもなく、現場の挨拶と整理・整頓は仕事の基本だ。

香取：武道の「礼に始まり礼に終わる」ですね。

部長：おおー、香取君は何か武道をやったのかい。

香取：いいえ、全然やったことがありません。

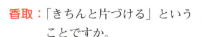部長：そうか、…。まあ、お互いに仕事を一緒にするうえで、相手への礼儀や心配りが重要だということだな。整理・整頓の意味は知っているかな？

香取：「きちんと片づける」ということですか。

部長：半分正解。「整理は、不要なものを捨てること」、「整頓は、探さずに取り出せること」だよ。

香取：そうか、まず不要なものを捨てないと、必要なものが活用できないんですね。

部長：そのとおりだ。もし、1日10分間何かを探していたとしたら、1カ月25日間働くとして250分に、10カ月では2 500分だから41.7時間になるんだよ。

香取：もし、労働時間の10％が探す時間だったら、10カ月だったら1カ月探していることになってしまいます。

部長：整理・整頓ができていないと在庫管理もできないから、材料を余らせたり、すでにある材料をさらに注文したりしてしまうことにもなる。

香取：整理・整頓は原価管理の基本でもあるんですね。

部長：それだけじゃないんだ。仕事の出来栄えにも関係するんだよ。整理・整頓のセンスがない職人は、配線や配管が斜めだったり、乱れていたりすることが多いんだ。

香取：整理・整頓って大切ですね。もう少し机の上を片づけます！

第2章 日々行う 管理業務

〔整理・整頓とは〕

● 「整理」とは不要なものを捨てること

● 「整頓」とは探さずに取り出せること

- まず不要なものを「整理」し、次に必要なものを「整頓」する
- 探さずに取り出すためには、場所を定めて表示することが必要
- 必要なものが必要な量だけあるように、在庫を管理する

香取君は桜井先輩と資材置き場の話をしています。

香取：この間資材の搬入があって、資材置き場を作りました。

桜井：わかりやすく整理・整頓できたの？

香取：電工の由香さんが、ボックス関係、ビス関係みたいに、ダンボールにうまく仕分けてくれました。

桜井：将来資材の種類が増えてくるし、整理・整頓するためには資材棚が必要ね。棚台車で整理・整頓すると、移動が楽になるわよ。

香取：棚台車のリース品もあるので検討してみます。

桜井：ダンボールだと中が見えないから、透明のケースを使う方法もあるわ。

香取：仕分けには便利ですね。ビスや金物などの細かい材料は、透明ケースで整理・整頓してみます。

桜井：電動工具やケーブルの盗難があるから、工具類は隠しておくようにね。

香取：電工が鍵のかかる大きなボックスを持って来ています。

桜井：金庫と同じように、重くて運びにくいと簡単には持っていかれないわね。

香取：ケーブルはタイミングよく入れて、すぐに敷設(ふせつ)するようにします。

桜井：後は有機溶剤などの可燃物の管理があるわ。

香取：ラッカーのスプレー缶やウレタン材があります。工具と同じように、鍵のかかるボックス内で管理してもらいます。

⑱ 資材置き場と加工場の管理

〔資材置き場の管理〕

- 細かい資材は、透明ケースやダンボールで仕分けて資材棚で管理する
- 電動工具などの盗難されやすいものは、鍵のかかるボックスで管理する
- ケーブル類も盗難に遭いやすいので、持っていかれにくい工夫をする
- 有機溶剤などの可燃物も、鍵のかかるボックスで管理する

桜井：製造業では、ネジやナットなどの資材の在庫を一定量で管理するために、「信号カンバン」というものを使っているわ。

香取：信号カンバンって、どんなものなんですか。

桜井：製造業では、在庫はお金が滞留したものであり、在庫があるとスペースと管理費が発生するという考え方があるの。在庫が余ったり使えなくなったりしたら、すべてお金の損失になると考えているのよ。

香取：在庫は少ないほどいいという考え方ですね。

桜井：「カンバン」って、使う側から材料の種類と量を記載して要求するものなの。

香取：使う人が使う量だけ納品を要求すれば、在庫はないということですね。

桜井：信号カンバンは、在庫が一定量まで少なくなったら、注文をする時期と量を知らせ

るカンバンなの。信号カンバンによって、在庫の下限になると発注を開始し、材料の上限まで戻る仕組みになっているの。

香取：交通系のプレカードで、お金が一定額を下回ると、定められた金額が充てんされるのと同じですね。

桜井：どこかで活用できる仕組みだから、覚えておいて損はないと思うわ。

香取：在庫が少なくなったときに、注文を忘れなくていいですね。

〔信号カンバンによる在庫管理〕

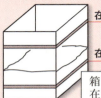

在庫の上限
在庫の下限

箱にカードが付いていて、在庫の下限になったら、カードを渡して発注してもらう。在庫が充てんされたらカードは箱に戻される

信号カンバン（カード）
材料名：○○メーカーP材
寸法：長さ50㎜、径3㎜
発注量：4kg

第2章 日々行う 管理業務

香取君は電工と加工場で話をしています。

香取：佐藤さん、消火器を用意しましたので、加工場で管理してもらえますか。

職長：ああ、ありがとう。火の出る作業も多少あるからね。

由香：香取さんが棚台車や透明ケースを用意してくれたので、きれいに整理・整頓ができたわ。汚れも防げるしね。

香取：これも由香さんのおかげです。

由香：ただ、この表示シールは少女趣味だと思うけど、…。

香取：「猫の手」「猫のしっぽ」という猫シリーズなんです。

職長：（やはり香取さんは、俺が猫好きなことを知っているに違いない！）

まとめ

資材置き場、加工場の管理において、整理・整頓は重要！

19 短期工程表と工程調整

香取君は遠山部長から短期工程表の作成について学んでいます。

部長：工程管理はどんな具合だい。

香取：なんとかキャッチアップしています。

部長：なんとかうまくいっているということかな。

香取：職長の佐藤さんに頼っているところが多いのですが…。

部長：短期工程表はどんなふうに作っているんだ？

香取：全体工程表と建築工程から月間工程表を作成しています。月間工程表で中期的に先を読んだ工程管理をしています。

部長：全体工程表で残りの工期を俯瞰して、月間工程表に反映することだよ。常に全体の流れから見て、先を読むことが重要になるんだ。

香取：転ばぬ先の杖ですね。

部長：転んでからでは遅いからな。先を読むとは、いろいろな現場の状況を想定できることでもあるんだよ。ちょうど、将棋で次の一手を考えるようなものかもしれないな。

香取：週間工程表は、月間工程表で先を確認しながら作成しています。

部長：いつ作成しているんだい。

香取：毎週週末に、職長と次の週の予定を打合せして作成しています。

部長：週間予定表は最終的には日々のスケジュールに落とされるんだね。

香取：はい、毎日職長と施工状況と予定を確認しています。

部長：現場に行けないときもあるんだろう？

〔全体工程表から日々の施工管理へ〕

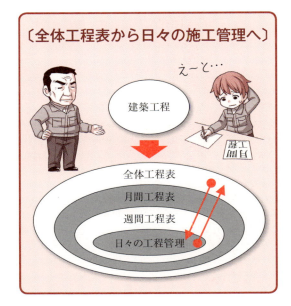

第2章 日々行う 管理業務

香取：現場に行けないときは、携帯で連絡を取り合っています。

部長：それはいいことだね。わざわざ言うには気が引けるちょっとしたことでも、話すチャンスがあれば相談してくれるからな。

香取：実はこちらが相談することが多いんですけれど。

部長：日ごろからコミュニケーションを密にとっていると、現場の情報の共有ができるし、人間関係も良好になっていくんだよ。

香取：毎日職長と連絡を取り合うことは、工程管理の基本ですね。

香取君は桜井先輩と工程の進捗管理について話をしています。

桜井：工程の進捗状況の判断は、どうやっているの？

香取：工程表と現場の作業の進捗を比較して、遅れていないかどうか判断しています。

桜井：工程表が判断基準になるわ。工程表がないと、遅れていることに気づかないことがあるのよ。

香取：ロードマップがないと、どこまで進んだのか、目的地まで距離がどれだけ残っているのかわからないようなものですね。

桜井：工程管理は問題点を早く把握（はあく）し、対策がとれれば大きな問題にはならないのよ。現場の進捗状況を正確に把握していないために、遅れに気づかないこともあるの。

香取：工程表に実績を入れることで、現場の進捗状況が正確に把握できるんですね。

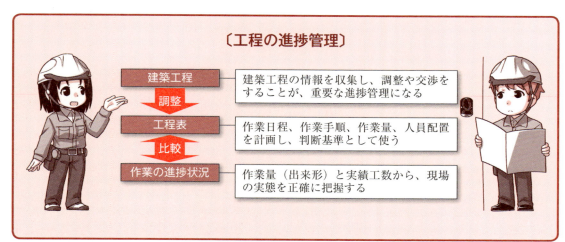

〔工程の進捗管理〕

建築工程 → 建築工程の情報を収集し、調整や交渉をすることが、重要な進捗管理になる

↓ 調整

工程表 → 作業日程、作業手順、作業量、人員配置を計画し、判断基準として使う

↓ 比較

作業の進捗状況 → 作業量（出来形）と実績工数から、現場の実態を正確に把握する

⑲短期工程表と工程調整

桜井：工程の進捗管理で重要なポイントは、残りの工期で施工できるかということなの。実績を把握することは、将来を予測するためのデータ収集なのよ。

香取：工程管理は竣工までのカウントダウンなんですね。

桜井：砂時計じゃないけれど、残り時間が少なくなってから慌ててもだめでしょ。

香取：建築工程が動いたときには、工程を組み直して、今後の問題点をチェックすることが大切になります。

桜井：現場監督の役割は先を読むことなのよ。

香取：遠山部長からも、先読みは何度も言われました。

桜井：後は、建築工程との調整や交渉になるかしら。

香取：まだまだ、ムリを言われることがありますから…。

桜井：ところで、毎週打合せして週間工程表を書き直しているのはいいわね。

香取：建築工程に合わせて週間工程表で作業工程を作ると、手配しなければいけないこととか、建築に依頼しなければいけないこととかがはっきりします。

桜井：日々の工程管理では、スケジュールノートのようなものを作るといいわよ。

香取：打合せノートは使っているんですけれど。

桜井：スケジュールノートは日誌みたいな形式で、1ページを1日にして使うの。そこにその日にしなければならない仕事や手配の予定を忘れないように記載しておくのよ。

香取：手配忘れをして、青くなった経験があります。

桜井：手配は一つでも漏れるとトラブルになるから、記憶に頼っていては完ぺきにすることは難しいわ。

香取：忘れても思い出せるようにメモするんですね。いい方法なので、さっそくスケジュールノートを作ってみます。

〔日々の管理に使うスケジュールノートの例〕

4月1日(月)	4月2日(火)
作業予定 （段取り、計画など）	作業予定 （段取り、計画など）
業務予定 （書類、会議など）	業務予定 （書類、会議など）
手配・連絡 （連絡リスト）	手配・連絡 （連絡リスト）

1ページを1日として、先を読んで気づいたときに、忘れないために段取りや手配を記入しておく

香取君はゼネコンの中野さんに作業手順について相談しています。

香取：中野さん、①通りのここの壁に配管が集中しているんですが、できれば鉄筋を早めに組んでもらえると助かるんですけれど。

中野：そうねぇ。特に他の作業との取り合いもないから、型枠ができたら先に組んでもらえるように頼んでおくわ。

香取：ありがとうございます。助かります！

その後で、電工と話をしています。

香取：①通りの壁の鉄筋を早めに組んでもらえるように、中野さんに頼んでおきました。

職長：それはありがたい。

香取：直接鉄筋屋さんに言うよりも、元請からうまく言ってもらったほうが動いてくれますから。

由香：香取さん、結構やるじゃないの。

香取：やるときにはやります！

まとめ

短期工程表の作成は、残りの工期を俯瞰して先を読む事が重要。日々の管理にはスケジュールノートが役だつ。

20 予算実績管理

香取君は遠山部長から会社の利益について学んでいます。

部長：現場の最終利益はどのくらいになりそうかな？

香取：実行予算から２％くらい残せそうです。

部長：即答できるとは、なかなかいいぞ！

香取：僕の勘なんですけれど。

部長：そうか、…。現場で使っている利益は、「粗利益※」っていうんだけれど、会社には５種類の利益があることは知っているかな？

香取：五つもあるんですか、ずいぶんたくさんあるんですね。

部長：請負金額は粗利益と工事原価に分けられるけれど、１番目の利益が粗利益で、会社を運営する費用や会社にいる社員の給与が含まれているんだ。

香取：粗利益があっても、儲かっているとは限らないってことですね！

部長：会社の諸費用が引かれた２番目の利益を、「営業利益」というんだ。その後は、表のようになっている。

香取：３番目の「経常利益」は会社の事業で出した利益で、ここがマイナスだと赤字経営になるんですね。

部長：会社の決算で経常利益が確保できるように、期初に利益目標を設定し経営計画を立てているんだ。

〔会社の五つの利益（損益計算書のイメージ）〕

項　目	金額〔千円〕	構成費〔％〕	備　考
請負金額(売上高)	100,000	100.0	発注者・施主から入るお金
工事原価(売上原価)	85,000	85.0	＝実行予算とほぼ同じ
（１）粗利益(売上総利益)	15,000	15.0	←現場でよく見る利益
販売費・一般管理費	▲12,000	－12.0	会社の経費、会社の人件費など
（２）営業利益	3,000	3.0	会社の販管(はんかん)費を差し引いた利益
営業外損益	▲500	－0.5	会社の事業に関連する損益
（３）経常利益	2,500	2.5	会社の事業における利益
特別損益	0	0	不動産売却等の特別なもの
（４）税引前利益	2,500	2.5	税金を支払う前の利益
税金(法人税等)	▲1,000	－1.0	会社が支払う税金
（５）当期利益	1,500	1.5	会社に残った最終利益

※粗利益は「あらりえき」または「そりえき」と言います。

第2章 日々行う 管理業務

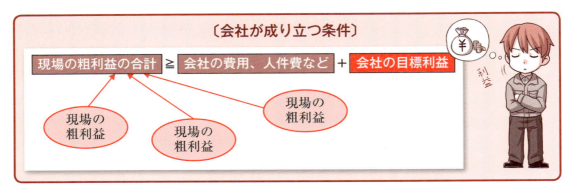

〔会社が成り立つ条件〕

現場の粗利益の合計 ≧ 会社の費用、人件費など ＋ 会社の目標利益

香取：会社の利益目標を達成するために、各現場に利益目標が割り振られるということですね。

部長：各現場で実行予算が赤字になれば、会社の経営は成り立たなくなる。香取君もしっかり予算実績管理をしてくれ。

香取：はい、しっかりやりたいと思います。

香取君は、桜井先輩から予算実績管理（予実管理）の方法について学んでいます。

桜井：香取君、お給料をもらったらどうしているの？

香取：まず、家賃、光熱費（電気・水道・ガス代）、食費、交遊費など、使う用途でおおよその配分を決めます。

桜井：それを次の給料日まで、どうやって管理しているの。

香取：最初は配分の中で使っていますが、後半は交遊費がかかりすぎれば、食費をセーブしたりしてやりくりしています。

桜井：貯金はできているの。

香取：毎月少しでも残して、なんとか貯金もしています。

桜井：予実管理は、家計簿の管理と似ているわ。少しでも多く利益を残せるように、実行予算を管理することなのよ。

香取：実行予算も分類した項目の中で、予算オーバーにならないように発注していくんですね。

〔予測原価で最終利益を把握する〕

実行予算 − 〔実績〕発注済 支払済 ＋ 〔今後〕発注予定 精算予定 ＝ 最終利益予測

〔予測原価〕

今後使う原価予測が重要！

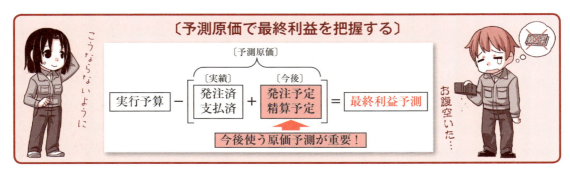

⑳ 予算実績管理

桜井：現場の予実管理で重要なことは、香取君がしていたように、お財布の残額を見ながらお金の使い方を常に考えていることなの。

香取：実行予算残と今後の使う予算の対比ですね。

桜井：使ってしまったお金は戻ってこないから、早い段階から予実管理が見えるようにしておくようにね。

香取：お財布の中身が少なくなって、ひもじいのは嫌ですから。

桜井：会社としても各現場の最終利益の数値は、決算に関わるので重要なの。「月次原価報告書」を出してもらっているけれど、それらが集計されて経営判断に使われているのよ。

香取：今後の発注予定が甘いと、最後になって利益を減らしたり、実行予算が赤字になったりすることがあります。

桜井：「設計変更で追加予算がうまくもらえなかった」ということもあるわね。

香取：最後になって利益を減らすと叱られるので、利益を少なく報告しておいて、最後で出す社員もいます。

桜井：気持ちはわかるけれど、それも経営的判断が狂うし、会計上もうまくないわ。

香取：会社の決算利益予測が、各現場が終わってみないとわからないブラックボックス状態になってしまいます。

桜井：現場の最終利益予測の精度を上げるには、「今後使う原価予測」の精度にかかっているの。現場代理人しかできない重要な役割なのよ。

〔望ましくない予実管理のパターン〕

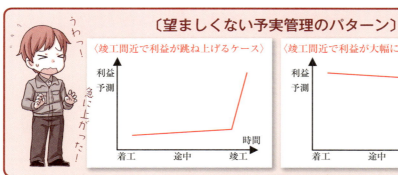
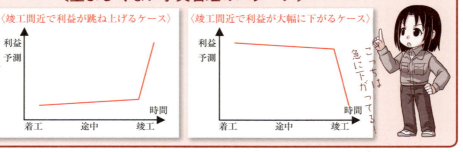

〈竣工間近で利益が跳ね上げるケース〉　〈竣工間近で利益が大幅に下がるケース〉

まとめ

予算実績管理においては、今後使う、原価の予測が重要！

第2章 日々行う 管理業務

21 協力会社への支払い管理

遠山部長は香取君に支払いルールを確認しています。メールで請求書が送られてくる場合には、支払い処理が漏れてしまったという話も聞きます。

部長：会社の支払いルールは知っているね。

香取：月末で締めて、請求書を7日までに送ってもらうというルールですか。

部長：そうだよ。協力業者に発注時に伝えてはあるけれど、請求書が届いていない場合は確認が必要だ。

香取：中には、請求書が期日に遅れたのに、「支払いは早く！」という業者がいます。

部長：会社の支払いルールで支払い業務を進めていかないと、各部署の業務が煩雑になり手間がかかるんだ。原則は支払いルールに従って支払い、期限に遅れたものは翌月にしてもらうことになる。

香取：だからトラブルにならないように、「今月の請求書が届いていませんが、来月支払いでよろしいですね」と確認が必要なんですね。

部長：会社によっては、そんな手間をかけず、「期日までに請求書が来なかったら支払わない」と徹底しているところもあるけれどな。

香取：自分の給料だったら忘れずに手続きをとると思うけれど、のんびりした会社もあるんですね。

桜井先輩から支払い管理の方法を学んでいます。

桜井：現場の状況を把握しているのは現場代理人だから、請求書の適正を判断するのは現場代理人になるのよ。

香取：特に出来高払いについては、現場の進捗状況の判断ですから、会社側ではわかりません。

桜井：そうよ。材料、常用労務、請負労務、材工で、支払い管理を見ていきましょう。

〔支払いルールの例〕

月末	月末までの出来高を請求
7日	請求書を出してもらう期限
	工事部門での取りまとめ
13日	経理部門へ請求書提出の締切り
	経理部門での請求書処理
25日	労務の支払いなど

● 請求書が提出期限までに届かないものは、翌月の請求処理になることを、協力業者にアナウンスしておく

● 電気工事会社によって請求書の処理方法が異なる。
・作業所で支払い書類を作成する会社
・庶務が支払い書類を作成し、現場代理人がチェックする会社
・経理が現場ごとの支払い一覧表を作成し、現場代理人がチェックする会社、など

〔材料の支払いチェックの例〕

〔常用労務の支払いチェックの例〕

香取：資機材の支払いは、納品されたものを支払うというチェックになります。

桜井：納品された証拠は「納品書」だから、請求書と納品書を突き合わせることが必要だわ。原則は、請求書に納品書もしくは納品書の写しを添付して、提出してもらうことになっているのよ。

香取：資機材の数が多いときには大変です。

桜井：労務の場合は、請負と常用があるわね。

香取：請負では、出来高査定をして支払額を決めます。でも、協力業者は労務支払いがあるので、人工数も考慮して決めることになります。

桜井：常用の支払いは、どう決めているの？

香取：常用単価を取り決めしているので、単価に人工数を掛けて算出します。その根拠として、作業報告書から1カ月間の「常用人工一覧表」を作成します。

桜井：常用がなるべく発生しないように、発注時に見積項目、見積条件の設定が重要だけれど、それでも常用が発生することがあるの。後でトラブルにならないように、日々の作業報告書で、常用時間を明確にしておくようにしたいわね。

香取：先輩社員から聞いたことですが、常用で仕事をさせていて、応援が入ったりして延べ人工がはっきり把握できていなかったために、人工を増やして請求されたそうです。

桜井：常用の場合には、人工をごまかされないように管理することは、監督の重要な役割なの。現場に常駐できないときに、どう把握するかは工夫がいるのよ。

香取：出来高払いの材工や請負労務の管理は、「出来高調書」を作成しています。

桜井：出来高査定で重要なことは何かしら？

香取：現場を見て、正確に査定することですか。

第2章 日々行う 管理業務

桜井：そうね、正確に査定して、過払いしないことなの。万が一、協力業者が倒産したら、払ってしまったお金を取り戻すことはほとんどできないから。

香取：協力業者によっては、勝手に請求額を多めに書いてくるところがあります。

桜井：資金繰りが厳しいところほど、多くもらいたがるから注意が必要なの。出来高査定後に、金額の8掛けで支払っている会社もあるのよ。

香取：製作物を工場で作り現場で組み立てる請負工事で、工場に材料を納品したからと請求する会社があります。

桜井：あくまで現場での出来高だからね。工場の材料はまだ相手の所有物だから。

香取：出来高査定は、現場の進捗率をよく見て注意します。

現場で職長の佐藤さんと請求の話をしています。

職長：今月の請求額はこれでいいかな。

香取：ええ、進捗率から判断してOKです。

由香：給料をもらったら、何を買おうかなぁ〜。

香取：最新式の電動工具なんかどうです。

由香：まさかぁ〜、何考えてんだか⁉

香取・職長：・・・。

〔材工・請負労務の支払いチェックの例〕

協力業者の請負全体に対して、現場の出来形（施工した部分）割合を判断し、出来高を算出する。

※出来高＝見積金額×出来形割合（％）
※今月の支払額＝今月までの出来高−先月までの支払額累計

まとめ

協力会社の支払い管理では、ルールを遵守してもらい、それぞれの支払いチェックを行う。

22 躯体工事中の品質管理

遠山部長は香取君と躯体工事中の品質管理を確認しています。

部長：躯体工事が進捗中だけれど、施工検討はほぼ終わっているのかい。

香取：建築、電気、設備の総合図からスリーブの検討をしました。EPSの納りも設備と協議しながら、縮尺1/20の納まり図で検討しました。

部長：躯体を打ち終わってしまったら、簡単に躯体の位置を動かすことはできないし、スリーブが入っていなければ、その対処は結構めんどうなことになるからな。

香取：はい、コストもかかり、泣きっ面に蜂になってしまいます。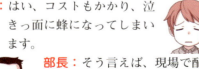

部長：そう言えば、現場で配管が納まらずに、香取君がべそをかいていたこともあったなぁ。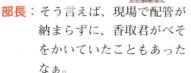

香取：ぐっ、そんな昔のことは忘れました。

部長：そんなに前のことではないんだが…。インサート図はどうしているんだい。

香取：インサート図も総合図・天井伏図で、設備機器や照明などの配置を検討しました。

部長：なかなかやるねぇ。

香取：インサートの色は、電気が黄色、空調が緑、衛生が青、建築が白を使うように決めました。

部長：他業者が入れたインサートを使ってトラブルになることもあるから、現場ルールが必要だ。

香取：実は建築屋さんのインサートはほとんどありません。分譲マンションでは各部屋が小さいので、建築屋さんはインサートなしで天井のLGS（軽量鉄骨）を組むということです。

〔天井LGSと配線の例〕

吊ボルトを使わずに、LGSの角材を使って、壁から壁で強度を保っている。

今度は、桜井先輩から躯体工事中の現場チェックについて指導を受けています。

〔配管仕様の例〕
- 配管やボックスは、コンクリートかぶり厚さ30mm以上確保する。
- 配管同士は150mm以上離隔する。
- 配管の外径寸法は、スラブ厚さの1/4以下とする。
- 梁から500mm以内の範囲では、梁に平行して配管をしない。
- 配管が梁をまたぐ場合は、梁に垂直にまたぎ、斜めに配管しない。
- 配管の曲げは、管内径の6倍以上で、90度以上曲げない。
- ボックスを取り付けた箇所から300mm以内で配管を結束する。
- 配管は1m以下ごとに結束する。

※配管仕様が異なることもあるので、設計図書の仕様によること。

桜井：躯体工事中は、どんな品質チェックをしているの？

 香取：まず、スリーブ図どおりにスリーブが梁、壁、床に入っているか、図面にレ点を入れて確認しています。

桜井：スリーブ図作成時に、柱からの距離やスリーブ同士の離隔など、構造的な検討をしているんでしょ。

 香取：もちろんです！構造事務所の承認をもらっています。

桜井：ほかにはどんな品質チェックがあるの。

 香取：配管やボックスを施工した後のチェックがあります。配管やボックスは、コンクリートのかぶりを30mm以上確保します。配管同士は、原則として150mm以上離します。

桜井：配管が盤に入る箇所など、配管同士の離れが取れない場合はどうするの。

 香取：50角のメッシュで補強しています。

桜井：なかなかよく勉強しているわね。

 香取：はい、勉強しています！

桜井：香取君には「謙遜（けんそん）」という言葉はないのかしら。壁の配管やボックスの取付けで、特に注意していることは何かあるの。

 香取：壁の打込み配管は、できるだけ横方向に敷設しないことです。コンクリートが配管の下部に充填（てん）されなかったり、コンクリートの沈下ですき間ができたりするので。

桜井：同じ理屈で、配筋で使われるドーナツスペーサーも縦使いが推奨されているのよ。

〔壁配管の例〕

ドーナツスペーサーは、原則として縦に使っている。

ダブル配筋の間を縦に配管している。

㉒躯体工事中の品質管理

現場で職長の佐藤さんたちと話をしています。

香取：今日はコンクリート打設日ですね。

職長：ああ、工程のマイルストーンとしての重要な節目だよ。

香取：合番（あいばん）に毎回出てもらっていますが、お疲れさまです。

職長：電工の合番って、本来は配管の位置がずれたり、結束が取れたりしたら直す役割なんだけれど、実際はコンクリート打設への協力になっているんだ。

香取：いろいろなところで、昔の慣習が残っているんですね。

職長：昔はなかなか仕事をさせてもらえず、夕方にスラブ配筋が終わった後で、やっと仕事にかかることもあったなぁ。

香取：「鋼管で時間も労力もかかり大変だった」という話を、ほかの電工から聞きました。

職長：そうだね。フレキシブル配管になって、ずいぶんと改善された。特に問題が生じなければ、スラブ配管の工程も考慮してくれているから、鉄筋屋さんや型枠屋さんと同じころに終了できることも多いよ。

香取：他職とうまくやってもらえると助かります。

由香：大丈夫、困った顔をしていると、結構助けてくれるわ。

香取：なかなかやりますね。

由香：わたしが可愛いからでしょ。

職長：(うなずきながら) うんうん。

香取：…（余計なことは言わないでおこう）。

まとめ

躯体工事中の品質管理では、現場の品質チェックが重要になる。

第2章 日々行う 管理業務

23 現場安全確認

遠山部長は香取君と安全の現場巡視について話しています。

部長：現場の状態を把握(はあく)する方法として、職長から聞くことも一つの方法だけれど、自分の目で現場を確認することが大切だ。現場巡視はどうやっているんだい。

香取：安全だけで現場巡視するわけではありませんが、工程の進捗(ちょく)状況や品質のチェックをしながら、安全な施工状態か確認しています。

部長：どのくらいの頻度(ひんど)で現場巡視しているんだ。

香取：理想から言えば、毎日行ければいいのですが…。

部長：工事の元請の場合には、作業場所を少なくとも1日1回巡視することが安衛法で定められているんだよ。

香取：現場は常に動いていますから、危険な状態になっているかもしれません。

部長：佐藤職長はしっかりしているから大丈夫だけれど、ごまかした報告をする協力業者も中にはいるからな。

香取：うその報告を信じて、裸の王様にはなりたくないです！

部長：安全の現場巡視では、作業に係る安衛法を知っておく必要があるけれど、香取君は大丈夫かな。

香取：え〜と、安衛法ですか(汗)。

現場巡視！

㉓ 現場安全確認

部長：万が一事故が起きたときに、真っ先に問われるのは法令違反がないかだよ。法令違反があると、安全管理の不備の証明になるんだ。

香取：道交法と同じように、法律を知らなくても交通違反をしていれば、取り締まられるのと同じですね。

部長：建築工事では墜落事故が最も多いんだけれど、作業床の設置が求められるのは、何m以上だ？

香取：2m以上です。

部長：なかなかいいぞ。作業床が設けられない場合はどうする？

香取：安全帯をして作業をしなければなりません。

■安全衛生規則第518条〔作業床の設置等〕
1．事業者は、高さが2メートル以上の箇所（作業床の端、開口部等を除く。）で作業を行なう場合において墜落により労働者に危険を及ぼすおそれのあるときは、足場を組み立てる等の方法により作業床を設けなければならない。
2．事業者は、前項の規定により作業床を設けることが困難なときは、防網を張り、労働者に安全帯を使用させる等、墜落による労働者の危険を防止するための措置を講じなければならない。

部長：それでは、作業床に手すりが必要なのは何メートル以上だ？

香取：作業床と同じ2mですか。

部長：そのとおりだ。脚立を使うよりも伸び馬（立ち馬）を使う現場が多くなったけれど、2m未満の活用になる。

2m以上

香取：2mを超えたらローリング足場などを使い、手すりが必要になりますね。

部長：昇降設備の設置の基準はどうだい？

香取：どうだったかなぁ、2mですか。

部長：昇降設備は、1.5mを超える場合に求められているんだよ。脚立やはしごなど、安全衛生規則で定められた安全基準があるから、理解しておくようにな。

香取：はい、現場巡視では安衛法の基準に合っているか確認します。

■安全衛生規則第519条〔開口部等の囲い等〕
1．事業者は、高さが2メートル以上の作業床の端、開口部等で墜落により労働者に危険を及ぼすおそれのある箇所には、囲い、手すり、覆い等（以下この条において「囲い等」という。）を設けなければならない。
2．事業者は、前項の規定により、囲い等を設けることが著しく困難なとき又は作業の必要上臨時に囲い等を取りはずすときは、防網を張り、労働者に安全帯を使用させる等、墜落による労働者の危険を防止するための措置を講じなければならない。

第2章 日々行う 管理業務

桜井先輩が安全パトロールで、香取君の現場に来ています。まずは、安全管理書類を確認しています。

桜井：香取君、安全管理のファイルを見せて。

香取：(幅5センチのハードカバーのファイルを示して)これがそうです。

桜井：施工体制台帳・施工体系図、作業員名簿・資格の写し、安全教育記録、安全日誌、KY記録、安全点検記録があるのね、なかなかよく整理されているわ。

香取：着工時にファイル内にインデックスシートを作っておいて、作成した安全書類を差し込むようにしています。

桜井：(ファイル内を確認しながら)安全日誌には、安全指示や現場巡視の指摘を記録しているわね。

香取：ええ、安全記録は安全管理の証拠にもなりますから、できるだけ記録するようにしています。

桜井：安全点検表は、バンドソー、電動ドリル、仮設分電盤（ELCB）の点検表ね。安全書類を確認したので、一緒に現場に行ってみましょう。

香取：はい、ヘルメットを用意します。

桜井先輩と香取君は、現場巡視をしています。下階からサッシが付き、LGS工事が入っています。電工も内装工事に合わせて配線を始めています。

桜井：事故の多くは、不安全設備と不安全行為が重なったときに起こるの。不安全設備をなくすことが第一だけれど、不安全行為もやめさせなければいけないわ。

香取：伸び馬の不安全行為で落ちてしまった事故を聞きます。

桜井：伸び馬ではどんな不安全行為が考えられるの？

〔可搬式作業台（伸び馬・立ち馬）の使用時ルール〕

- 不具合のある伸び馬は使わず、工事監督に報告する。
- 開閉ストッパーロックをかけて使用する。
- 足元にスリーブや段差がある所に設置しない。
- 昇降時は荷物を持たず、手すりを使って足場のほうを向いて昇降する。
- 天板の中央部で作業をし、身を乗り出す作業をしない。
- 強い水平力がかかる作業では、転倒防止の補強をする。
- 上向き作業など、転倒の恐れがあるときは安全帯を使用する。
- 積載荷重を守り、不安定になるので二人以上乗って作業をしない。

香取：手すりを伸ばさずに使う、ロックをせずに使う、手すりをつかまず荷物を持って登る、足場に背を向けて降りる…。

桜井：設置するときに、足元にスリーブがあったり、段差がある所で使わないということもあるわ。転倒して事故も起こっているの。

香取：上向き作業など、転倒の恐れがあるときには、安全帯を使用することも重要です。

桜井：ローリング足場ではどう？

香取：伸び馬と同様ですが、工具を手に持って登って昇降する不安全行為があります。

電工の佐藤職長と由香さんが配線工事をしています。

香取：佐藤さん、お疲れさま。

桜井：お疲れさま、今日は安全パトロールで来ました。

職長・由香：お疲れさまです。

しばらく現場の進捗などの話をして、帰り間際に。

桜井：安全に注意してお願いしますね。

職長：不安全行為がないように、注意して仕事を進めます。

由香：（桜井先輩の耳のそばで）、香取さんは…。

桜井：そうなの！？現場の会話って大切よね。

香取：何を話しているのか気になるなぁ。

まとめ

現場安全確認を行うため安全衛生法などの法令順守のチェックが大切！

第2章 日々行う 管理業務

24 定例会議と設計変更

桜井先輩と香取君は、定例会議の話をしています。

桜井：毎週火曜日に定例会議を行っているのね。

香取：はい、14時から行っています。

桜井：定例会議ではどんな話をしているの？

香取：進捗報告もありますが、建築の設計仕様や現場の納まりの話が多いです。

桜井：そういう話をボーとして聞いていたらダメよ。何を考えながら聞いたらいいの？

香取：えーと…。

桜井：情報がそこにあっても、キャッチするのは香取君なのよ。例えば、建築の間仕

切りが移動になったら、電気も関係してくるでしょ。

香取：設備が変更になったら、電気容量が変わってくるかもしれません。

桜井：設計変更があっても、設計者や元請は電気工事まで気が回っていないかもしれないから、香取君が常に考えていなければいけないことなの。

香取：定例会議では全身を耳にして、聞くようにします！

桜井：定例会議でわからない点があったら、そのままにしちゃだめよ。それが電気工事と関連することだったら、後で困るのは香取君なの。

香取：はい、不明な点があったらきちんと確認します。

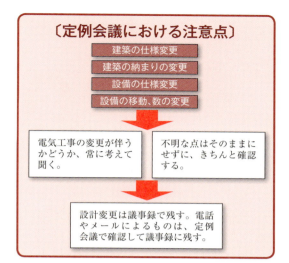

〔定例会議における注意点〕
- 建築の仕様変更
- 建築の納まりの変更
- 設備の仕様変更
- 設備の移動、数の変更

↓

- 電気工事の変更が伴うかどうか、常に考えて聞く。
- 不明な点はそのままにせずに、きちんと確認する。

↓

設計変更は議事録で残す。電話やメールによるものは、定例会議で確認して議事録に残す。

桜井：電気工事の施工管理のポイントは、建築や設備の変更があった場合に、電気工事に関わることを、漏らさずに電気施工図に反映していくことになるの。

香取：施工図が間違っていれば、施工も間違ってしまいます。

元請の現場事務所にて、定例会議で質疑応答や仕様の決定をしています。

中野：設備工事に関する質疑は以上でいいかしら。

沢村：結構です。

中野：次は電気工事に議題を移させていただきます。まず、こちらが承認をいただきたい機器製作図です。

白鳥：これは持ち帰ってチェックして、次回に持ってきます。

香取：コンセント、プレート類の見本をお持ちしました。

しばし、見本を見比べた後。

白鳥：これがいいと思いますけれど、森下課長、どうでしょうか？

森下：そうですね。私もそれでいいと思います。

白鳥：それじゃ、これとこれで決定とします。

中野：決定したものがわかるように、印を付けておきますね。

香取：後で仕様見本一覧として、ボードに貼っておきます。

中野：質疑なんですが、居間に購入者が追加で選べるオプション家具がありますが、これが付いた場合に、スイッチの位置と重なってしまいます。

設計図で示しながら。

香取：スイッチの位置は今ここですが、こちらの壁のここに移動してよろしいでしょうか。

白鳥：そうね。その位置しかなさそうね。森下課長、こちらでよろしいですね。

森下：そうだね。ほかのオプションについても、問題が生じないようにチェックをしておいてください。

中野：承知いたしました。

定例会議が終わりデベロッパーの森下さんとちはや設計事務所の白鳥先生が帰った後。

第2章 日々行う 管理業務

所長：沢村君、香取君、設計変更で増減がある場合には、毎回金額を出してくれ。元請として金額をつかんでおいて、増減のコントロールをしなければいけないから。

香取：はい、毎回見積を出して、増減累計を明確にしておきます。

中野：かといって、見積書を承認したわけじゃないのよ。施主から追加予算がもらえるとは限らないから。

所長：デベロッパーでは事業計画を立てて予算を組むけれど、予備の予算がどれだけあるかどうかだな。

沢村：設計図書で仕様が明確に決まっていないときに、どの製品で決まるのかで、コストアップにもなれば、コストダウンにもなります。

中野：施主に予算がないときには、増額があれば減額案をぶつけるから、リストにして整理しておいてね。特にオーバースペックなところがあれば着眼点よ。

香取：施工が進むほど、減額案は少なくなってきます。

所長：次回定例会議では、設計変更に係るお金の話を議題にしてみよう。中野さんが資料をまとめるから、今日の分は明日中に出してほしい。

沢村、香取：わかりました！

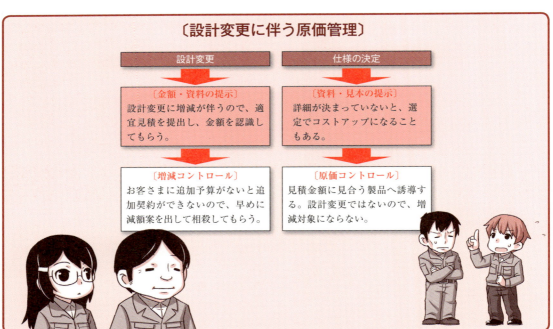

㉔定例会議と設計変更

香取君は電気施工図を修正して、職長の佐藤さんに変更部分の説明をしています。

香取：佐藤さん、変更箇所はマーカーで囲ってあるところです。ここのスイッチの位置が変わっていますので、注意してください。

職長：定例のたびに、何らかの変更があるなぁ。

香取：施工管理は変更管理ですね。

職長：香取さんが施工図面に変更を反映させて渡してくれるから助かるよ。

香取：以前の現場で、電工が古い施工図で工事を進めてしまい、手戻りがあったんです。施工図の最新版管理には、気を使うようにしています。古い施工図を返してもらえますか。

職長：書込みをしてあるので、気を付けるから置いといて。

香取：それでは、図面に赤のマジックで「旧版」って書かせてください。

由香：それじゃ、香取さんからもらった猫ちゃんシールに「旧版」って書いて貼っておくわ。

香取：それならば、佐藤さんも見落としませんね！

〔設計変更を協力会社に伝達〕

設計変更
↓
仕様の決定
↓
〔設計変更管理〕
電気施工図に反映する。それができない場合は、指示書で渡す。
↓
〔施工図の最新版管理〕
施工図は最新版に差し替える。旧版は回収するか、間違わないように識別する。

まとめ

定例会議での不明点は、きちんと確認。
変更が伴うかどうか常に考えて聞く。

コラム②

現場代理人の資格

電気工事の現場代理人にも取得すべき資格があります。現場の施工管理をする技術者としての国家資格もあります。

電気工事施工管理技士

電気工事を行う施工管理技術者のための資格と言えるでしょう。この資格には、2級電気工事施工管理技士と1級電気工事施工管理技士の二つがあります。

2級電気工事施工管理技士は、一般建設業の営業所の専任技術者（または主任技術者）になることができます。

1級電気工事施工管理技士は、上記に加え、特定建設業の営業所の専任技術者（または監理技術者）になることができます。こちらの方を取得される方が多いかもしれません。

1級電気工事施工管理技術検定の学科試験の受検資格は下記のとおりです。

区分	学歴または資格		実務経験年数	
			指定学科	指定学科以外
イ	大学		卒業後3年以上	卒業後4年6ヶ月以上
	短期大学または5年制高等専門学校		卒業後5年以上	卒業後7年6ヶ月以上
	高等学校		卒業後10年以上	卒業後11年6ヶ月以上
	その他		15年以上	
ロ	2級電気工事施工管理技術検定合格者		合格後5年以上	
ハ	2級電気工事施工管理技術検定合格後5年未満で右の学歴の者	短期大学または5年制高等専門学校	（イの区分で見ること）	卒業後9年以上
		高等学校	卒業後9年以上	卒業後10年6ヶ月以上
		その他	14年以上	
ニ	電気事業法による第一種、第二種または第三種電気主任技術者免状の交付を受けた者		6年以上（交付後ではなく通算の実務経験年数）	
ホ	電気工事法による第一種電気工事士免状の交付を受けた者		実務経験年数は問わない	

第一種電気工事士

高圧の電気設備などの電気工事が行える資格ですが、1級電気工事施工管理技術検定試験の受験資格の一つでもあります。試験は、技能試験と筆記試験がありますが、さらに免許取得のための実務経験が必要になります。

第3章

完成に向けて施工管理

- ㉕ 消防中間検査
- ㉖ 安全サイクルと安全行事
- ㉗ 内装工事中の施工管理
- ㉘ 工事中の近隣への配慮
- ㉙ 高所作業車の安全管理
- ㉚ 資金繰りと追加・増減管理
- ㉛ 仕上工事・外構工事の施工管理
- ㉜ 受電
- ㉝ クレーン作業の安全管理
- ㉞ 自主検査
- ㉟ 諸官庁検査及び竣工検査
- ㊱ 引渡しと新たな出発

第3章 完成に向けて 施工管理

25 消防中間検査

遠山部長は消防中間検査について話をしています。

部長： もうすぐ消防の中間検査だけれど、現場のほうは大丈夫かい。

香取： はい、設計図書の内容は施工図に反映して、現場で仕様どおりに施工していますし、防火区画の貫通部の確認が主になると思います。

部長： 防火区画は建築基準法で定められているけれど、どんな法規なのかな？

香取： 詳細はわかりませんが、火事があったときに建物がどんどん延焼しないように、定められた範囲で防火壁などを使って区画することです。

部長： そうだね。区画の規定は建物の構造や用途によって定められて、複雑だから設計者に任せるとして、配管等の規定は建築基準法施行令にあるんだ。

■建築基準法施行令第129条の2の5第1項7号（抜粋、簡易にアレンジ）
イ：両側1mを不燃材とする
ロ：貫通配管の外径を用途や材質などで規定している
ハ：構造や用途などに応じた要求耐火性能を満たす大臣認定を受けたものとする
※ ただし、施行令第115条の2の2第1項1号に掲げる基準に適合する準耐火構造の床もしくは壁を除く。また、特定防火設備で建築物の他の部分と区画されたパイプシャフト等の中にある部分は除く。

香取： 耐火性能がある大臣認定を受けた仕様で実施し、「工法表示ラベル（認定シール）」をすぐそばの見える箇所に貼って、認定工法と確認できるようにしています。

部長： 貫通部分の処理を認定工法の指定業者が実施した場合には、その業者がラベルを貼ってくれるけれど、電工が貫通処理した場合はどうしているんだい。

㉕消防中間検査

〔防火区画を貫通する配管等〕

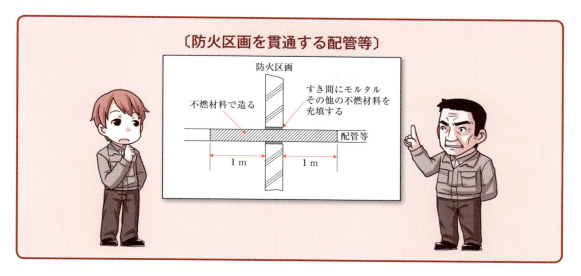

香取：電工が対応した場合には、写真を撮って認定メーカーに送り、メーカーが写真確認をしたものについて、「工法表示ラベル」を送ってくれます。

部長：そうか、貫通部分の穴埋めの規定も建築基準法施行令にあるんだよ。

■建築基準法施行令第112条第15項（抜粋、簡易にアレンジ）
（配管等が防火区画を）貫通する場合においては、当該管と準耐火構造の防火区画とのすき間をモルタルその他の不燃材料で埋めなければならない。

香取：不燃材をしっかり詰めなければいけないんですね。

部長：指摘で多いのは、パイプシャフトのモルタル埋めで、すき間や充填不良があることだよ。

香取：消防中間検査前にチェックしておきます。

部長：施工した箇所は全部だぞ。

香取：マーフィの法則ではないけれど、たまたまチェックしてなかった所を検査されて、不良って見つかるものですから。

部長：防火区画を貫通する規定のポイントは、次の図のようになるなぁ。

消防中間検査を受けるために、設計監理の白鳥先生、元請の北川所長と中野さん、設備工事の代理人沢村さん、香取君とで待機しています。やがて、消防署の検査官が3名でやってきました。最初に現場事務所の会議室で、工事概要、現場の進捗状況などを説明しています。また、検査官から設計変更の有無、本日の検査内容の確認をしています。

白鳥：大きな設計変更はございません。

所長：（短期工程表を配布し）現場の進捗状況については、躯体工事が完了し1階から4階まで内装工事が進んでいます。

第3章 完成に向けて 施工管理

やり取りの後で。
検査官：状況がわかりましたので、現場検査へ移りましょう。

中野：ご案内します。

ぞろぞろと現場を回っていると、職人たちが挨拶をします。幸流電設の佐藤さんと出会いました。

職長・由香：お疲れさまです。

中野：お疲れさま。

検査官：現場の雰囲気がいいですね。

中野：ええ、いい職人が集まったので。

「挨拶しないと、中野さん怖いからなぁ」と思う香取君です。

検査官：（懐中電灯で照らして）ここを見てください。すき間がありますね。

ドキっとした香取君ですが、設備の排水管だとわかり、胸をなで下ろしています。

沢村：（顔を差し込み覗（のぞ）き込んで）確かにすき間があります。是正します。

検査官：中間検査ですべてをチェックすることはできないので、ほかにもないかどうかチェックしておいてください。

中野さんは「自主チェックしたんじゃなかったの」と、沢村さんを睨（に）んでから。

中野：承知いたしました。全数しっかりチェックしておきます。

いくつかの指摘はありましたが、大きな指摘はなく消防中間検査を終えました。検査官は中間検査記録書を作成し、指摘内容を確認した後で帰っていきました。検査官と白鳥先生が帰った後で、指摘事項への対応方法について話し合っています。

中野：完成検査時に中間検査の指摘への対応について報告します。説明できるように、資料の作成をお願いします。

沢村：マンションの部屋ごとにチェックした記録を作ります。

中野：香取さんも図面で構わないから、全数チェックして記録を作成してください。

香取：承知しました。

中野：それと、隠れてしまう部分については写真を撮って、提出してください。施主や設計事務所に管理状況を示せるし、消防完了検査時に見せれば検査もスムーズになるから。

沢村・香取：承知しました。

香取君は会社に帰って書類作成をしていると、桜井先輩が近づいてきました。

桜井：今日の消防中間検査はどうだったの？

㉕消防中間検査

香取：電気工事の指摘はありませんでしたが、設備の貫通処理の不備が指摘されて、電気工事も貫通部分の全数チェックの記録と隠れてしまう部分の写真撮影を指示されました。

桜井：検査の記録って、なんのためにあるのかな？

香取：元請に提出するため…。

桜井：それもあるけれど、まず漏れのない検査をするためってことがあるわ。

香取：順番に検査していったつもりでも、抜けていることがあるかもしれませんね。

桜井：検査の記録の取り方を事前に作っておいて、現場で直接書き込むことで、漏れのない順序だった検査ができるし、それをそのまま記録にすればいいの。

香取：提出用の場合は、事務所でワープロ打ちが必要ですが、自主検査だったら不要ですね。

桜井：検査の記録は、後で問題があったときに、確実に施工管理をした証拠にもなるの。そして、元請、設計監理、施主は管理状況がわかり、信頼されることでもあるのよ。

香取：検査の記録って大切ですね。工夫して効率的な取り方を考えてみます！

まとめ

消防中間検査前のチェックは重要！
検査の記録を使って、
漏れのない検査ができる。

第3章 完成に向けて 施工管理

26 安全サイクルと安全行事

香取君の会社では、毎月1回各現場代理人が集まって工事部会を開き、会社からの伝達、工程の進捗状況や現場の問題点の報告などしています。安全についても部会の中で実施し、会議の最後に社内安全パトロールの報告をしています。

部長：事故報告についてだが、板橋君の現場で電工が脚立から落下した事故があった。板橋君、状況、要因、対策について説明してくれ。

板橋：事故状況は天井配線の作業中でした。こちらの図を見てください・・・。

板橋君が一通り説明した後で。

部長：事故要因は、「作業員が不注意だったから」と、場当たり的なものになりがちだ。安全管理の4Mで要因や対策を考えると、いろいろな角度から検討できるんだ。

〔安全管理の4M〕

〔管理的要因(Management)〕
安全管理体制、安全施工サイクル、安全指導・教育など、安全管理の計画、指揮、監督などの安全管理を行う。

〔人間的要因(Man)〕
ヒューマン・ファクターと言われるもので、職場の人間関係、健康状態、心理的要因など、不安全行為やケアレスミスを防ぐための対応が必要である。

〔設備的要因(Machine)〕
足場、機械、重機、工具、安全防護具、安全表示などの物理的条件を指し、不安全な状態を防ぐために、整備や点検を行う。ヒューマンエラーが起きても事故にならないような設備的対応が望ましい。

〔情報的要因(Media)〕
人と設備をつなぐ媒体という意味で、具体的には作業情報、作業手順、作業方法などを指している。安全な作業ができるように(危険を避けるために)、正確な情報が提供されていることである。

26 安全サイクルと安全行事

板橋：作業員が脚立にまたがって作業をしていて、ムリをして乗り出したときに転倒しました。これは人間的要因ですが、情報的要因としては、脚立の使い方をしっかり理解していなかったことがあります。

香取：最終的には管理的要因として、「現場代理人の作業指示や安全教育ができていたのか」と問われるんですね。

部長：事故があると、安全管理状態が調査されるからな。

板橋：不幸中の幸いで軽傷でしたので事なきを得（え）ましたが、脚立作業では脚立の正しい使い方に注意したいと思います。

部長：それでは、社内安全パトロールの報告に移る。桜井さん、香取君の現場を報告してくれ。

桜井：香取君の現場へ、今月3日に安全パトロールに行って参りました。安全書類関係は良くできていました。現場の状況は・・・。

桜井さんはプロジェクターで現場状況の写真を映しながら、安全管理状況と品質管理についても付け加えながら説明しました。

桜井：指摘事項は、作業員の加工場に置かれていた消火器の期限切れがありました。

香取：先月末が期限で、3日だけ過ぎていただけなんですが・・・。

部長：期限を過ぎていれば期限切れだぞ。香取君は賞味期限を3日過ぎたおにぎりを食べるのか。

香取：確かに期限切れでした！

香取君の会社では、遠山部長が社内安全パトロールを計画し、現場代理人を指名して第三者的に安全チェックをしています。一通りの社内安全パトロール報告を終了しました。

部長：それでは、工事部会を閉会とする。

現場では「災害防止協議会」を毎月1回開催しています。名称は「安全委員会」「安全大会」などと呼ばれていますが、「災害防止協議会」の開催は元請に義務付けられていて、協力業者は協議会への参加が義務付けられています。

〔安全衛生規則第635条〕
（一部抜粋）

- 特定元方事業者（元請）及びすべての関係請負人（協力業者）が参加する協議組織を設置すること。
- 当該協議組織の会議を定期的に開催すること。
- 関係請負人（協力業者）は、特定元方事業者（元請）が設置する協議組織に参加しなければならない。

香取君は桜井先輩と現場の安全管理について話しています。

桜井：現場で毎月実施していることって、どんなことがあるの？

第3章 完成に向けて 施工管理

香取：安全委員会を月初めに開いています。

桜井：どんなことをしているの。

香取：元請と協力業者全員が集まって、工程説明、工程上の安全目標、元請からの安全伝達、事故情報の伝達など、安全を中心にしたものです。

桜井：現場にはいろいろな業者が集まっているので、工程と安全について共通認識を持つことが大切なのよ。

香取：8月の「電気使用安全月間」のときには、電気事故防止について講習をさせられました。もう、ドキドキに緊張しました。

桜井：それはいい経験をしたわね。どんな話をしたの。

香取：電動工具の絶縁不良を点検する、電気ドラムはコードを巻いたまま使用しない、溶接機を使うときにはアースをする、といった作業上の注意点です。

桜井：今度、新入社員研修の講師もしてもらおうかしら。

香取：任せてください。そうそう、現場のイベントで安全標語を募集したときがあって、幸流電設の由香さんが表彰されたことがあったなぁ。

桜井：そうなの。どんな標語だったか覚えてる？

香取：え〜と、「ちょいまちな、きけんがないか、さいかくにん」だったかなぁ。

桜井：ハハハ、なかなかね。

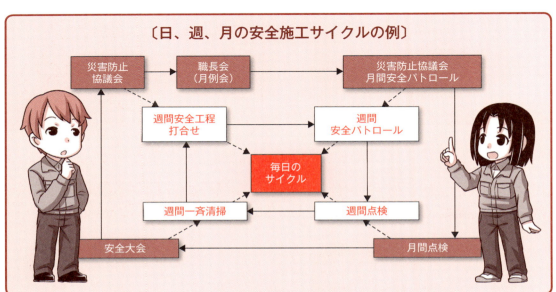

〔日、週、月の安全施工サイクルの例〕

㉖ 安全サイクルと安全行事

現場では週サイクルで、電動工具や玉掛けワイヤーの点検をしています。また、毎週水曜日を統一清掃日に決めて、作業所全員で15分くらい清掃をしています。

中野：それでは、一斉清掃を始めます。各自の役割分担に従って、13時20分まで実施してください。

香取：佐藤さん、一緒に掃除しましょう！

香取君が2階の廊下をほうきで掃いていると。

由香：ゴホゴホ、香取さん、埃（ほこり）がすごいわ。

職長：おがくずを濡（ぬ）らしてまいてから、掃いてもらえますか。

香取：すみません、気づかないで。

由香：香取さん、たぶん気づいてないと思うけれど、顔が真っ白よ。

香取：‥‥。

まとめ

安全管理は安全施工サイクルで行う。

第3章 完成に向けて 施工管理

27 内装工事中の施工管理

香取君は桜井先輩と内装工事中の施工管理について話をしています。

桜井：コンクリートが打ち終わったら、次はどんな作業があるの？

香取：コンクリート強度が出て型枠解体したら、すぐに貫通スリーブのボイド撤去、箱型枠の撤去、釘仕舞いなどがあります。

桜井：型枠は壁や梁の側面から解体するけれど、スラブや梁下の型枠とサポートの解体はだいぶ後になるわね。

香取：だいたい3週間くらいで解体しているようです。

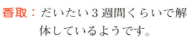

桜井：側面は5N(ニュートン)／mm² 以上あればいいんだけれど、スラブや梁底は設計強度が 100％以上出ていないと解体してはいけないの※。建築屋さんは、コンクリート圧縮試験で供試体をつぶして、強度が出ていることを確認して解体しているのよ。

香取：地下ピットの型枠解体が終わってから、ピット内でケーブルの配線をしました。

桜井：地下ピットの作業では、安全への配慮が必要ね。

香取：建築屋さんが送風機を準備してくれていたので、それを使いました。

桜井：地下ピットには水があるので、ボイドなどの有機物が腐敗したり、金物が錆びたりすることで酸欠につながることがあるの。時間が経ったピットに入る場合には、酸素濃度測定で確認することも必要なのよ。

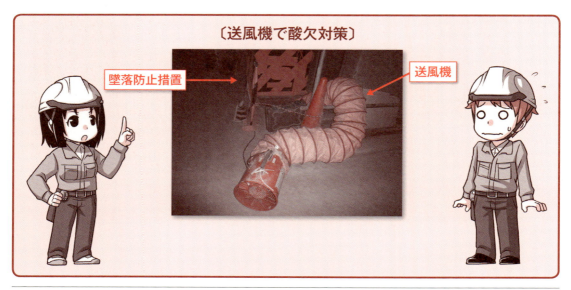

〔送風機で酸欠対策〕

墜落防止措置　送風機

※建築工事標準仕様書・同解説「鉄筋コンクリート工事」(JASS5)の型枠存置期間による。

27 内装工事中の施工管理

香取：地下ピットは暗くて狭いだけでなく、危険な場所なんですね。

桜井：地上階のスラブ型枠の解体、片づけ、墨出しが終わったら、内装工事が始まるわ。

香取：サッシ屋さんや設備屋さんが最初に入ってきます。間仕切りの墨が出たら、ボックスやケーブルラックの開口などの墨出しをします。

桜井：LGS（軽量鉄骨）のランナが取り付けられてからでもいいけれど、タイミングを逃すと困るから、墨出しは早いことに越したことはないわね。ケーブルラックの寸法が大きい場合には、開口をよけてスタッドを立ててもらわないといけないしね。

香取：LGSのスタッドが立ったら、ボックスを取り付けます。

桜井：ボックスの取付けで間違えやすい点は、コンセントやスイッチの位置はＦＬ（エフエル）(床仕上げレベル)からの高さだということなの。もちろん、施工図でＳＬ（エスエル）（コンクリートスラブレベル）からのボックスの位置を、しっかり指示していると思うけれど※。

香取：部屋によって床の仕上げ高さが変わるので、注意が必要ですね。

桜井：後は、キッチンや洗面室などは、設備機器との関係があるから注意が必要よ。

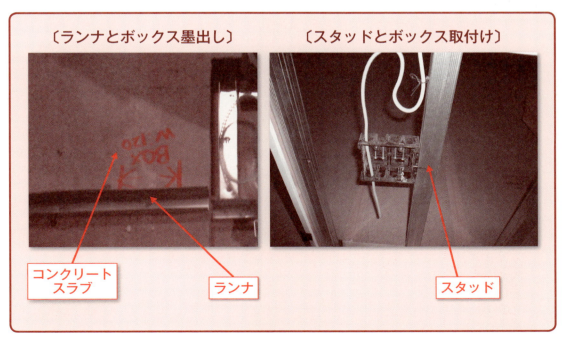

〔ランナとボックス墨出し〕　　〔スタッドとボックス取付け〕

コンクリートスラブ　　ランナ　　スタッド

※ FL（フロアライン）、SL（スラブライン）ともいう。

第3章 完成に向けて 施工管理

香取：キッチン前はタイルなので、タイル割りにも気を付けます。

桜井：前倒しできる作業はやっておくと、工程のコントロールができるわね。

桜井：ボックスの規格、1口か2口か、配管や配線の仕様なども、間違えやすいところは注意してね。

香取：そうだ、天井に付くダウンライトや照明器具の開口の墨を、床に出しています。

桜井：レーザー墨出し器で、床から天井に墨を上げたほうが楽だからね。

香取：はい、大丈夫です。

香取：天井のLGSができたら、すぐに配線をします。段取りができているので、作業が早いですよ。

桜井：壁のLGSが終わったら、次は天井になるけれど‥。

桜井：天井内のふところが足りずに、ダウンライトが納まらないことがあるけれど。

香取：LGSやほかの工事の邪魔にならないところは、先行して行っています。

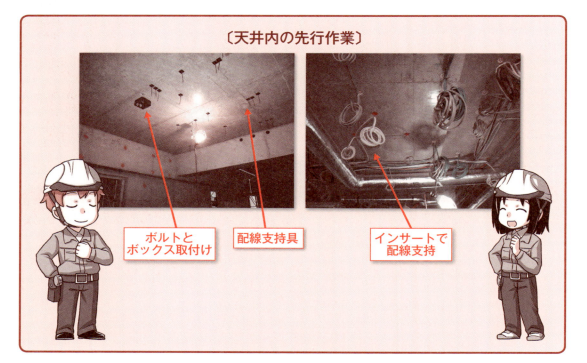

〔天井内の先行作業〕

ボルトとボックス取付け　配線支持具　インサートで配線支持

㉗内装工事中の施工管理

香取：実は、ダクトと当たって納まらない箇所がありました。調整してもらい、なんとか納めました。ボックスも引き戸の戸袋の個所で納まらなかったので、設計変更で位置を変えてもらいました。

桜井：納まりはよく検討できているようね。幹線の施工はどうなの？

香取：パイプスペースが狭くて、設備との納まり図を作成し、検討して何とか納まっています。

桜井：建築工事に合わせて工事は進めていかなければいけないけれど、先を読んで配線経路が施工できる状態かチェックするようにね。作業ができないときに、元請に仕上げを進めてくれるようにお願いすることも必要なのよ。

香取：1階の管理人室の施工ができずにいますが、元請の中野さんに相談してみます。

〔パイプスペースの配線例〕

パイプスペースは、配管等を施工後に鋼製間仕切りと扉で囲う仕様

まとめ

内装工事中は前倒しできる作業をやっておくと、コントロールできる。

第3章 完成に向けて 施工管理

28 工事中の近隣への配慮

遠山部長は香取君と近隣対応について、話をしています。

部長：工事現場に対して、近隣住民はどんなイメージを持っていると思う？

香取：普通に生活しているところに割り込んできたような、迷惑な感じですか。

部長：人はすでに持っているものに、既得権のようなものを感じるから、後から来た人や出来事に対して抵抗感を持つんだ。

香取：乗り物で二人掛けの座席にゆったり座っていたのに、後から太った人が来て隣に座ってしまい、とても窮屈になってしまった気持ちですね。

部長：そんなものかなぁ。とにかく、「迷惑をかけている」という考えは必要だ。ただし、不当な要求に応じる必要はないけれどな。

香取：不当な要求って、どんなことですか。

部長：お互いに生活したり、仕事を進めたりする権利はある。お互いが権利を主張し合うと、時には利害の対立になるけれど、ある程度は我慢も必要と言うことだ。社会通念上、一般的な常識を超えた要求を不当と判断するんだ。

香取：例えば、小さな音に対してもうるさいと苦情をいうとか。

部長：騒音の問題は主観的なところもあって、音の感じ方はその人の置かれた状況によって変わってくるんだ。

香取：知人の出す音だと我慢できるけれど、赤の他人だと我慢できないこともあります。

㉓工事中の近隣への配慮

部長：そういう意味で、近隣との良好な人間関係を築くことって大切になるんだよ。

香取：職人が路上でタバコを吸っていて、苦情になることがあります。

香取：本人が「騒音でうるさい」と言ってきたときに、「そんなに大きな音は立てていません」と言っても納得しないですから。

部長：まさか、電工じゃないだろうな。

香取：もちろん違います！

部長：騒音問題は近隣住民と誠意ある対応をして、隣人から「しょうがないわね」と言ってもらうより方法がないんだなぁ。

部長：日ごろのマナーや挨拶が、近隣に安心感を与えるんだぞ。できれば、近隣の人と雑談でもすると、もっと親しくなれるんだ。

香取：ちょっと、辛（つら）いですね。

香取：最初は現場につらく当たっていた住民が、何度もコミュニケーションを取ることで、協力的になってくれた話はよく聞きます。

部長：近隣と良好な関係を築くためには、工事の周辺を汚さない、工事車両の通行に注意する、防音対策をとる、ガードマンを付けて通行人を誘導するなど、しっかりと工事を進めることはベースだ。それだけでなく、近隣とコミュニケーションをとって、信頼関係を築くことも大切なんだ。

部長：ザイアンスの法則ってあってな。人は何度も会うと、その人に心理的な親しさを感じるんだ。親しさを感じれば、協力的になってくれる。逆に知らない人には、冷たく接することができるんだ。

〔近隣苦情の対応方法〕

- 元気よくハキハキと受け答え、申し訳ないという気持ちを表情に出す。最初は相手の言い分を聞き、弁解しないこと。
- どうしても避けられない作業（やらなければならない作業）は、隠しごとのない説明をし、その場限りの対応をとらない。
- 対応不可能な要望については持ち帰っての検討とし、理由を明確に整理し、何度でもはっきりとお断りする。
- クレームがどんな内容であっても、相手の意見を否定しない。相手の身になったつもりで（姿勢で）「お気持ちは察しますが…」と容赦を願う気持ちで接する。

第3章 完成に向けて 施工管理

〔ザイアンスの法則〕
- 人は会えば会うほど好意を持つ
- 人は人間的側面を知ったときに好意を持つ
- 人は知らない相手には攻撃的、批判的、冷淡に対応する

香取：相手を知らないと「うるさいから、すぐに工事を中止してください！」って言えますが、相手が知人だとそんな冷たい言い方はできず「うるさいので、もう少し静かに工事をしてください」ってなります。

部長：近隣住民との挨拶一つから、人間関係は築かれていくということだ。

香取：しっかり、挨拶をします！

　　今度は桜井先輩と近隣対応の話をしています。

桜井：香取君の現場は近隣協定で8時から18時が作業時間だったわね。

香取：そうです。現場の周囲に住宅が多いので。

桜井：8時前の仕事の準備や18時過ぎの片づけを、仕事をしていると勘違いして苦情が来ることがあるから注意ね。

香取：冬のアイドリングの苦情もあります。

桜井：職人同士の話声や呼び声が苦情になったことがあったから、現場条件によっては要注意ね。

香取：近隣によっては気を使いますね。

桜井：ケーブルテレビの場合は問題ないけれど、アンテナでテレビを受像している場合には、映りが悪くなったとクレームになるときがあるわ。

香取：後で建物を建てた側が対応するんですね。

桜井：仮設足場に仮アンテナを立てて対応しておき、建物の屋上に共同アンテナを立てて近隣対応したりするわ。

香取：便乗してくる近隣住民もいるかもしれません。

桜井：電波障害が出そうな場合には、事前調査をして建物が建つ前の映像状況と、建物が建った後の映像が比較できるようにしておくことが望ましいわ。

香取：実はこの間、資材業者が近隣の玄関前に車を止めて、運転手が車から離れている間に、元請に電話で苦情が入ってしまいました。

㉘工事中の近隣への配慮

桜井：近隣クレームのカミングアウトね。それでどう対応したの？

 香取：運転手を見つけてすぐに車を動かし、中野さんと一緒に謝りに行きました。

桜井：それじゃ、これからどう対応するつもりなの。

香取：「荷降ろし中」というお知らせ看板を出すのはどうでしょうか。

桜井：結局、コミュニケーションが取れていないと、苦情につながるの。近隣に状況がわかるように知らせるのはいい方法ね。

 香取：近隣住民の気持ちを察することが大切なんですね！

〔荷降ろし作業中の看板例〕

看板で作業を近隣に知らせる！ Good！！

まとめ

近隣との良好な関係は、工事を円滑に進めるためにも重要！

第3章 完成に向けて 施工管理

29 高所作業車の安全管理

香取君は現場の近くで、短期工事の施工管理を部長から依頼されました。

部長：香取君、忙しいところすまないが、現場の近くで改修工事を受注したんだ。外壁の機器の付け替えでは高所作業車を使うんだが、まずは現地を見て施工計画を作ってほしい。

香取：承知しました。今日現場に行った帰りに寄ってきます。

香取君は改修工事現場の調査をした後で、施工計画と高所作業車配置図を作成しました。桜井先輩と内容を検討しています。

桜井：高所作業車は道路での作業になるのね。

香取：事前に「道路使用許可証」を警察からもらっておかないといけないです。

桜井：ほかには、どんな事前準備が必要なの？

香取：一時的に建物の一部が停電になるので、施主との工程打合せが必要です。

桜井：1階は店舗になっているから、時間帯をしっかりと打合せしておかないとね。

香取：停電については、「当日の施主への停電連絡」から「復電確認」までのスケジュール表を作成して打合せします。

桜井：スケジュール表を作ったら、見せてちょうだい。それでは、安全面ではどんな計画になっているのかしら。

■労働安全衛生規則第339条「停電作業を行なう場合の措置」（一部抜粋）
1. 開路に用いた開閉器に、作業中、施錠し、若しくは通電禁止に関する所要事項を表示し、又は監視人を置くこと。
2. 開路した電路が電力ケーブル、電力コンデンサー等を有する電路で、残留電荷による危険を生ずるおそれのあるものについては、安全な方法により当該残留電荷を確実に放電させること。
3. 開路した電路が高圧又は特別高圧であったものについては、検電器具により停電を確認し、かつ、誤通電、他の電路との混触又は他の電路からの誘導による感電の危険を防止するため、短絡接地器具を用いて確実に短絡接地すること。
4. 事業者は、前項の作業中又は作業を終了した場合において、開路した電路に通電しようとするときは、あらかじめ、当該作業に従事する労働者について感電の危険が生ずるおそれのないこと及び短絡接地器具を取りはずしたことを確認した後でなければ、行なってはならない。

㉙高所作業車の安全管理

香取：停電工事の作業指揮者の任命※、停電作業中のブレーカーの操作禁止対策、作業前には検電を実施して作業にかかります。

桜井：感電事故への対策はいいようね。

※：停電工事の作業指揮者については、労働安全衛生規則第350条を参照のこと。

香取：高所作業車については、まず運転者の資格の確認があります。

桜井：どんな資格なの？

香取：え〜と、高所作業車の作業床の高さが10m未満は「特別教育」、10m以上は「技能講習」の修了資格です。

桜井：ちゃんと調べてあっていいわね。特別教育は安衛法第59条に、技能講習は安衛法第76条に定められているわ。高所作業が10m未満であっても、高所作業車が10m以上の能力であれば、技能講習修了資格が必要だから注意するようにね。

香取：それと高所作業車の始業前点検があります。

桜井：リースの場合には点検表を提出してもらえるけれど、社有の高所作業車を使う場合には、自主点検が必要よ。

■労働安全衛生規則第170条「作業開始前点検」
事業者は、車両系建設機械を用いて作業を行なうときは、その日の作業を開始する前に、ブレーキ及びクラッチの機能について点検を行なわなければならない。

香取：高所作業車の設置手順は、パーキングブレーキをかけて駐車し、各タイヤに輪止めを付けます。

桜井：写真を見ると道路に傾斜があるけれど、メーカーの取扱い説明書では、傾斜角度が7度を超えた場所では、使わないように決められているのよ。

香取：7度って測定しづらいですね。

桜井：7度を超えると、ランプが付くような機器もあるけれど、角度計で測定できるわ。

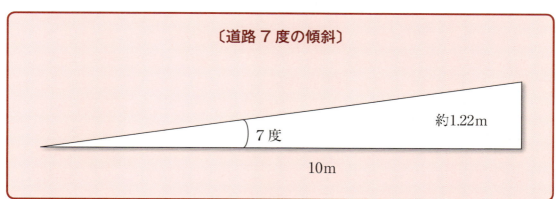

〔道路7度の傾斜〕

第3章 完成に向けて 施工管理

桜井：傾斜した道路では、高所作業車の運転席をどちらに向けて駐車するの？

香取：えっ、走っている方向ではないんですか！？

桜井：パーキングブレーキは後輪に働いて、前輪には働かないわね。高所作業車を前上がりで止めた場合に、後輪をジャッキアップしたときに、前輪が道路に接地してしまい、車両が動き出して事故になった事例があるのよ。

香取：前下りで駐車すれば、前輪をジャッキアップしたときに、後輪にはブレーキが効いているので動かないということですね。

桜井：高所作業車は設置手順を間違えると、事故につながるから、手順の確認は重要なのよ。

香取：高所作業車は前輪側をジャッキアップし、次に後輪をジャッキアップして、各タイヤが地上から離れるようにし、高所作業車が水平になるように調整します。

桜井：高所作業車は水平に設置するのが基本よ。車両の前後の水平がどうしても確保できない場合には3度以下で設置し、左右は必ず水平にしないといけないの。

〔傾斜地での駐車ルール〕

①設置場所の傾斜が7度以下であることを確認

②パーキングブレーキを確認

③各タイヤの輪止めが確実か確認 輪止めが二つだったら、後輪に使う。

㉙高所作業車の安全管理

〔ジャッキアップのルール〕

①前輪側からジャッキアップ

②後輪をジャッキアップ（ブレーキが効いている側）

③水平に調整し、四つのジャッキが効いているようにする

香取：ジャッキベースは荷重がかかるところだから、堅固な場所を選ばないといけないです。

桜井：側溝やマンホールは一見壊れないように見えるけれど、万が一壊れたら高所作業車が倒れてしまうから避けないといけないわね。

香取：作業終了後に格納する手順は、設置手順の逆になります。ジャッキダウンはブレーキが効く後輪側から実施して、道路とタイヤを接地させてから前輪をジャッキダウンします。

桜井：後輪をジャッキダウンしたら、輪止めがきちんとかかっていることを確認してから、前輪をジャッキダウンしてね。

香取：わかりました。後輪を優先する理屈がわかっていれば、手順も間違わないですね。高所作業車の作業中は安全帯を使ってもらい、墜落事故に注意します。

桜井：事故に注意して改修工事をお願いね。

まとめ

高所作業車の安全管理では、資格の有無、点検、設置手順などの規則に従って行う。

第3章 完成に向けて 施工管理

30 資金繰りと追加・増減管理

遠山部長は香取君と資金繰りについて話をしています。

部長：香取君、会社のお金の流れが理解できているかな。

香取：発注者から入金してもらい、それを協力業者に支払って、その差額が粗利益ということですか。

部長：そうだね。ただ、普通は発注者の入金よりも協力業者への支払いが多くなり、工事引渡し後に最終入金があって粗利が出るんだ。

香取：その間は借金暮らしですね。

部長：香取君の暮らしはどうかな。

香取：ちゃんと貯金をしています！

部長：会社もたくさん自己資金があれば借金をしなくても済むんだ。自己資金だけでまかなえないときには、借金が必要になる。このときに、うまく借金ができないと、協力業者への支払いができなくなるんだ。

香取：支払いができないと、場合により倒産ですか。

部長：資金繰りがうまくいかなかった場合には、黒字倒産もあり得るんだ。

香取：近日中に入金の予定があったとしても、支払い時に現金がなければダメなんですね。

部長：契約後に契約条件で工事ごとの入金予定を立てておく。出金予定も、工程上の出来高から概算を出しておく。会社として、各現場の入金予定と出金予定の総額をつかんでおくことが資金繰り計画なんだよ。

香取：予定どおりに入金がなかったら、資金繰りも狂ってしまいます。

部長：いいところに気付いたね。少額であっても、工事をして請求を忘れていることがないようにしないとな。

香取：資金繰りの大切さがよくわかりました。

118

㉚資金繰りと追加・増減管理

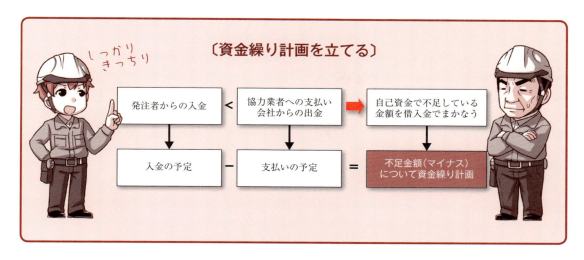

香取君は桜井先輩と、現場の増減管理について話をしています。

桜井：香取君、現場の増減管理はうまくいっているの？

香取：ええ、毎月取りまとめて、元請に提出しています。

桜井：どんな取りまとめ方をしているの。

香取君は桜井先輩に資料を見せて。

香取：契約内の増減の場合は、契約書の単価と増減数量から金額を算出します。契約書にない項目の場合は、見積書を作成します。それらを組み合わせて、増減一覧表にします。

桜井：なかなかいいわ。増減の話を曖昧にしておくと、最後でもらえないからね。

香取：施主要望による明らかな増額の場合はいいんですが、設計図にあって拾い出しや納まりの問題でケーブルが増えた場合などは、なかなか追加として認めてもらえないんです。

桜井：うまく減額と相殺してもらえるといいけどね。

香取：材料よりも難しいのは労務です。工程がずれたために、人工がかさんでしまったとしても、請負の範疇でみられてしまいます。

桜井：明らかな手待ちは、元請にそのときに言っておくことが必要ね。

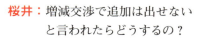

香取：手待ちは交渉のカードです！

桜井：増減交渉で追加は出せないと言われたらどうするの？

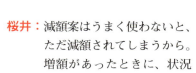

香取：減額案を隠しカードとして持っていて、相殺をお願いします。

桜井：減額案はうまく使わないと、ただ減額されてしまうから。増額があったときに、状況を判断して使うようにね。

第3章 完成に向けて 施工管理

〔追加の合意を得て発注〕

発注者の追加工事 − 協力業者への追加発注 = 粗利益

追加工事がもらえないと、利益を減らす。予算がない場合は、減額案で相殺してもらう。

基本的な考え方は、発注者と追加工事の合意を得てから、協力業者に発注や指示を出す。追加がもらえなくても、支払いは発生する。

交渉カードで…

香取：できれば減額案を認めてもらって、減額しないでもらえたらなぁ。

香取：作業日報を毎日つけて、毎月人工集計をしています。詳細にはわかりませんが、おおよその状況はつかめます。

桜井：協力業者との増減管理はどうなの？

桜井：どんな要因で、人工がオーバーしてくるの？

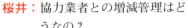香取：協力業者と請負契約をしていますが、人工がかかりすぎて利益が出なければ、追加を言ってきます。

香取：工程の遅れでピークが生じて、応援を必要とすると人工がかさみます。

桜井：過去の実績歩掛りで取決めしているけれど、現場の予定人工を定めて、人工がオーバーしないように段取りをつけてあげないとね。

桜井：工程はできるところはどんどん進めて、時には先にやらせてもらうようにして、仕事のピークができないように管理しないとね。

〔作業日報の例〕

業者名	職種	氏名	作業時間	実働時間	作業内容	備考
幸流電設	電工	佐藤達也	8：00〜17：00	8	3階配線工事	
	電工	佐藤由香	8：00〜17：00	8	3階配線工事	
日計稼働人数	日計稼働時間	累計稼働人数	累計稼働時間	■契約外工事		
2人	16H	54人	452H			

㉚資金繰りと追加・増減管理

香取：ほかには、施工図の間違い、施工図の承認の遅れ、材料の搬入ミス、変更の伝達ミスがあるかなぁ。

桜井：それらは、協力業者からの追加要素になってしまうわよ。

香取：そうならないように、しっかり管理します！

桜井：現場経費の状況はどうなの？

香取：現場経費で、一番大きなところは社員給与ですが、この現場は書類作成や検査が多いので、社員給与がオーバーしそうです。

桜井：それじゃ、賞与は返上ね。

香取：えっ、そんなぁ〜。

桜井：冗談に決まっているでしょ。効率を考えて仕事をするようにね。

香取：はい、さっそく明日のスケジュールを確認します。

〔現場経費の管理表例〕

項目	内容	実行予算	月別実績			実績累計	予算残高
			月	月	月		
人件費	香取君の給与、賞与など						
法定福利費	給与に対する健康保険料、厚生年金保険料、雇用保険料、労災保険料など						
事務用品費	筆記用具、ファイル、資料などの事務経費						
通信交通費	電話、宅配便、交通費、ガソリン代など						
交際費	得意先・来客等の接待費						
租税公課、保険料	火災保険、自動車保険など						
雑費	会議費、会費、雑費						
経費小計							

それだけは…

賞与返上かな…

まとめ

資金繰り、追加・増減管理もしっかりと目配りしておく必要がある。

第3章 完成に向けて 施工管理

31 仕上工事・外構工事の施工管理

香取君は桜井先輩と内装工事から仕上工事への工程について話をしています。

香取：次々新しい業者が入ってきて、現場が忙しくなってきました。

桜井：電気工事は建築工事に合わせて、タイミングよく進めていくことが重要よ。LGS（軽量鉄骨）が終わったらボード張りが続くけれど、注意点はどんなところがあるの。

香取：ボードが終了したところから、すぐにボードにボックス類や照明器具などの開口をあけていきます。

桜井：施工図の段階でアウトレットボックスなどの位置を、仕上げを考えて検討していると思うけれど、うまくいっているの。

香取：はい、大丈夫です！施工図命（いのち）でしたから。

桜井：ボードの開口あけは、電工の手際の良さが出るところね。箇所数が多いから、1箇所あたり1分違うだけで、1000箇所あれば16時間以上の違いになってくるのよ。

香取：回し引きであけると、4～5分かかりますが、30秒で穴をあける小判穴ホルソーを使いました。

桜井：だんだん便利になっているわね。

香取：工程ではクロス工事が入って、パテ処理をしてから開口をあけると、パテが落ちてしまうことがあります。

桜井：塗装工事の後だと、塗装を傷つけてしまうわね。

香取：ボード張りを追いかけて、仕上業者が入る前に開口あけが必要です。

桜井：開口の位置を間違えた場合でも、早い段階ならば仕上げのダメを残さずに手直しできるしね。

ホルソーを利用してあけたボード開口で、小判形になっている。

ボード張りが完了したら、アウトレットボックスやダウンライト器具などのボード開口をあける。

㉛ 仕上工事・外構工事の施工管理

クロス業者のパテ処理が終わった状態、パテ処理前に開口をあけておく。

天井の照明器具の開口を、パテ処理前にあけておく。

部長：香取君、現場のほうも最終段階に入ってきたね。

香取：はい、仕上工事が進んできたので、照明器具付けやプレート付けで、結構忙しくなっています。

部長：プレートの曲りは、どうチェックしているんだ。

香取：まず、電工さんにカード式水準器を渡して、自己チェックしてもらってます。

部長：取付けのときにチェックしてもらえば助かるね。盤内の行先表示や幹線の線名表示も順次やらないとな。

香取：数があるので、表示の作成が結構大変です。

部長：ぶつぶつ言いながらやっていた仕事はそれかい。

香取：聞こえていました！？

部長：受電に向けて、検査もしっかり頼むよ。

香取：はい、大丈夫です。

香取：お見通しです。

桜井：間違えたの？

香取：実は取付器具からはみ出して、開口をあけてしまいました。

その後工期が進み、香取君は遠山部長と仕上工事の施工管理について話をしています。

大丈夫・・・です！

電工がプレート付けをしている。

カバープレートや照明も付いて、ほぼ完成の状況。

しっかり頼む！

123

第3章 完成に向けて 施工管理

香取君は、外構工事の立会いをしています。土工事で会ったユンボ（バックホウ）のオペさんが外構工事にも来ています。

香取：オペさん、お久しぶりです。

オペ：ああ、久しぶりだなぁ。元気にやってるか。

香取：ええ、頑張ってます。ところで、お願いがあるんですが、そこのところをもう少し掘り下げてもらえませんか。

オペ：またかいな。これでどうだい。

香取：ありがとうございます。後で飲み物をお持ちします！

佐藤職長と話をしています。

職長：ハンドホールの掘削を頼んでくれたんだってね。

香取：ええ、少しでも役立つようにと、・・・。

由香：もうすぐ受電ね。ワクワクするわ。

香取：こっちはドキドキです！

外構の花壇に配管をしている。

屋上には、共同アンテナを設置。

まとめ

仕上工事は建築工程と合わせて進める！

32 受電

香取君と桜井先輩が受電について話をしています。

桜井：香取君、いよいよ受電が近づいてきたけれど、諸手続きのほうは大丈夫なの？

香取：電気工作物の設置者である事業主が届出することになってますが、建築、主任技術者と工程打合せしながら進めています。

桜井：工程全体から手続きのポイントだけを言うと、どう進んできたの。

香取：着工前ですが、「電気主任技術者の選任」「保安規定」を産業保安監督部に届出します。受電1カ月前には、受電に問題のある箇所をチェックし、解決しておきます。受電日直前に最終チェックを行い、主任技術者立会いで絶縁耐力試験をします。

桜井：1カ月前には、どんなことを確認したの？

香取：設備配管等がないこと、水漏れがないこと、貫通部分が処理されていること、未成工事がないことなど、電気室内を受電できる状況か確認します。

桜井：ほかには？

〔設置者の手続き一覧〕

特高	高圧	手続き	届出時期	ポイント
必要	必要	主任技術者の選任届出	着工前	設置者が選任し届け出る（以下、主体者は設置者となる）
必要	必要	保安規定の届出	着工前	届け出たルールで、主任技術者が監理業務を行う
必要	－	工事計画書の届出	着工30日前	添付する工程表では、工程と受電時期について、十分な調整が必要
必要	－	使用前安全管理審査申請書	工事計画のすべての工事が完了したとき	受電前の使用前自主検査が国の安全管理審査要領に適合して行われたかを判断するもの
必要	－	使用前安全審査	おおむね受電後、1カ月を目途	再審査はなく記録として残る

第3章 完成に向けて 施工管理

〔電気工作物の自主検査項目の例〕

①外観検査　　　⑤保護装置試験　　　⑨振動測定
②接地抵抗測定　⑥遮断器関係試験　　⑩その他必要と認められる試験
③絶縁抵抗測定　⑦負荷試験（出力試験）
④絶縁耐力試験　⑧騒音試験

香取：直前では、電気室の施錠ができること、立入禁止標識と消火器の準備、増し締めマーキングの実施の確認、清掃状況を確認します。

桜井：検査関係はどうなっているの？

香取：各種試験成績表を主任技術者に提出し、絶縁耐力試験に立ち会ってもらう予定です。

桜井：絶縁耐力試験は、電路が使用電圧に耐える絶縁耐力を持っているかどうかを確認する試験だけれど、どれだけの試験電圧をかけるの？

香取：6 600Vの場合は、(1.15/1.1)×6 600〔V〕×1.5〔倍〕＝10 350〔V〕ですから、電路と大地との間に交流の場合は、10 350Vを連続10分間流します。直流の場合は、その2倍なので20 700Vになります。

桜井：交流、直流とどっちで試験をするの？

香取：条件を確認し、どちらでもよければコストのかからないほうで検討します。

桜井：送電計画は作成したの？

香取：受電後に送電を続けて行うので、関係者と打合せのうえで「受電・送電計画書」を作成しているところです。

桜井：絶縁抵抗試験は体系的に実施しないとね。

香取：各部屋の回路を一つずつ、すべてチェックしておきます。

桜井：コンセントの誤結線のチェックはどうするの。

香取：コンテスターでは、電源側と中性線の極性間違いはチェックできますが、中性線と接地端子の接続間違いはチェックできません。専用の試験機器を使います。

桜井：受電は安心できそうね。「人事を尽くして天命を待つ」って心境かしら。

香取：「まな板の上の鯉」という心境です！

㉜ 受　電

電気主任技術者の竹村さん、元請の北川所長、中野主任、香取君、佐藤職長、由香さんは、電気室の前で電力会社の担当者を待っています。そこに、電力会社の担当者がやってきました。自己紹介、電気室および自主検査結果の確認後、進め方を確認しました。

竹村：それでは問題がないということで、受電盤へ送電をお願いします。

それぞれが電気室とピラーボックスに配置し、電力会社担当者がトランシーバーでやり取りし、受電を完了しました。

北川：受電が終わったんですね。

香取：はい、受電は無事終了です。

職長：一つ関所を超えたところだな。

香取：竹村さん、送電のほうもよろしくお願いします。

由香：いよいよ明りがつくわね。

電力会社の担当者が帰った後で、主任技術者の竹村さんの立会いのもとに、送電を引き続き行っています。電気室と建物の分電盤に人員配置し、トランシーバーでやり取りして、下階から上階に向けてフロアーごとに、部屋ごとにブレーカーを入れていきます。香取君は照明が次々に点灯していることに感動しています。

香取：電気代理人として、受電はやっぱり感動します。

由香：はぁ～、なに目をウルウルさせてるの。

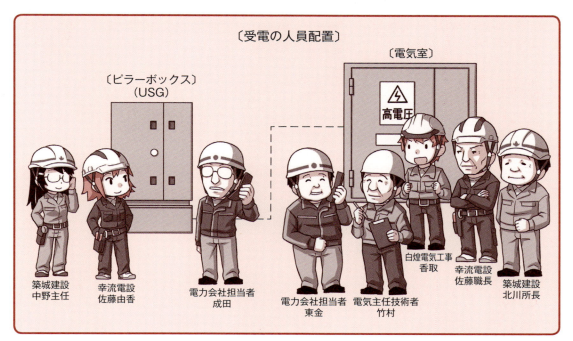

〔受電の人員配置〕

第3章 完成に向けて 施工管理

香取：ムードを壊さないでください！

　その日の夜は遠山部長、桜井先輩、香取君、佐藤職長、由香さんと、受電の打ち上げをしました。

部長：ご苦労さま。ゴールは目前だけれど、気を抜かずに行こう！乾杯！

全員：乾杯！

　しばらく歓談して。

由香：桜井さん、香取さんたら受電で感動して泣いていたのよ。

桜井：え〜、本当なの。

香取：泣いてなんかいません！明日から頑張りまぁ〜す！

　その日は緊張から開放されたせいか、いつになく酔ってしまった香取君でした。

まとめ

受電前の手続きなどは漏れがないよう
　　　　しっかりと確認する

33 クレーン作業の安全管理

クレーン作業の計画を立てている山崎君に、香取君は先輩として何か教えてあげたいようです。

香取： 山崎君、現場のキュービクルの搬入計画を立てさせられているんだって？

山崎： そうなんです。あまり自信がなくて、香取さんちょっと見てもらえますか。

香取：（嬉しそうに）しょうがないなぁ。

山崎君が作った搬入計画とクレーン車の配置図を見てから。

香取： 山崎君、クレーン車って毎年どこかで転倒しているんだけれど、その転倒理由にはどんなものがあると思う？

山崎： 吊り過ぎですか。

香取： 転倒事故の要因で、大きなものは二つあるんだけれど、その一つは無理をして吊ったときなんだ。

山崎： やっぱり！もう一つはなんですか？

香取： アウトリガが下がってしまったとき。まずは、クレーン車が適切に選定されているか見てみようか。吊り荷の荷重なんだけれど、何トンになる？

山崎： 最大荷重は2.1トンになります。

香取： 敷地が狭いから、ラフタークレーンを使うんだね。作業半径は10 mで2.1トンだから、定格総荷重表を見ると納まっているように見えるけれど・・、断面図でも検討しないとわからないよ。

〔クレーン配置図（修正前）〕

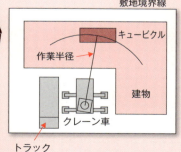

〔クレーン定格総荷重表〕

アウトリガ最大張出(6.5m)－全周－　　単位（トン）

作業半径 \ ブーム長さ	9.35 m	16.4 m	23.3 m	30.5 m
4.0 m	13.4	11.0	8.7	8.0
5.0 m	11.7	9.5	8.1	8.0
6.0 m	9.9	8.6	7.5	7.3
7.0 m	8.6	7.5	6.9	6.7
8.0 m	7.6	6.7	6.3	6.1
9.0 m	7.0	6.0	5.7	5.5
10.0 m	6.4	5.2	5.0	4.7
11.0 m	5.2	4.7	4.4	4.1
12.0 m		4.3	4.1	3.8
13.0 m		3.4	3.3	2.9
14.0 m			2.5	2.1
15.0 m			2.1	1.7
16.0 m			1.6	1.2
17.0 m			1.2	0.8

第3章 完成に向けて 施工管理

山崎君は断面図のスケッチを描いてみました。

山崎：クレーンが足場に近すぎて、ブームが足場に当たってしまい、届きません。

香取：トラックとクレーンの位置を入れ替えてみようか。

山崎：配置を変えると作業半径が15mになって、ブーム長さ23.3mで、ちょうど2.1トンが吊れます。

香取：山崎君のコスト意識は高く評価するけど、ギリギリは安全上の問題があるよ。細かい話をすれば、荷重にはフックの重さも含まれているしね。

山崎：もう一つランクが上のラフタークレーンだと・・・、（そのクレーンの定格総荷重表を見て）3.5トンなので大丈夫です。

香取：定格総荷重表を見ると、アウトリガの張出長さが小さくなると、吊れる荷重も小さくなっているよね。アウトリガを最大張出長さで計画し、実際は敷地の条件で最大幅が出せずに設置することは、安全面から要注意だよ。

山崎：アウトリガをきちんと出して、踏ん張らないといけないですね。

香取：お相撲さんが土俵際で踏ん張っていて、足元が下がったらどうなるだろう？

山崎：え〜、転ぶでしょ！

〔クレーン配置図（修正後）〕　〔揚重の断面図〕

㉝クレーン作業の安全管理

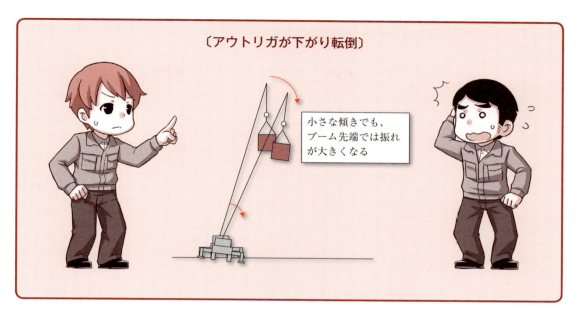
〔アウトリガが下がり転倒〕

小さな傾きでも、ブーム先端では振れが大きくなる

香取：クレーンも同じで、アウトリガが下がって転倒ということが起きているんだよ。地中の配管が壊れたり、埋戻し土で地面が下がったり、さまざまな要因でね。

山崎：地面の状況を見て、危ない場合には小鉄板を準備します。

香取：揚重作業では、人、クレーン車、治工具、作業手順の安全確認が必要なんだけれど、どんな確認をしたらいい？

山崎：人では資格の確認です。クレーン車のオペは当然として、玉掛け作業の資格です。

香取：吊荷重で資格が変わるんだけれど、どうかな？

山崎：吊荷重が1トン未満は「玉掛け特別教育」で、1トン以上は「玉掛け技能講習」の修了資格です。

香取：いいね！

山崎：クレーン車は始業前点検、玉掛けワイヤーやシャックルは吊荷重に対する径の確認、外観上のキンクや損傷などがないことの確認があります。

香取：いいね！作業上の安全はどうかな？

山崎：旋回するカウンターにぶつかったりするので、作業範囲を区画します。

香取：重機は凶器でもあるからね。

山崎：ほかには、吊り荷の下に人が入らないように注意します。

第3章 完成に向けて 施工管理

〔クレーン作業中の安全管理〕
- 作業範囲は区画をして、人の立ち入り禁止措置をとる
- 吊り荷の下に人を入れない
- 合図者を決めて配置し、オペと合図者で合図方法を確認しておく

香取：万が一、吊り荷が落ちることもあるから。実際に吊り荷が落ちたときに、たまたま下に作業員がいて、死傷した事故もあるんだよ。

山崎：よほどの不運な人ですね。

香取：安全は運に任せたらダメだよ。事故は要因があれば、確率的に発生するものだからね。

山崎：いろいろ教えていただき、ありがとうございました。

山崎君が行った後で、桜井先輩がそばに来て。

桜井：香取君、うまく指導していたわね。

香取：なかなかやるでしょ！実は桜井先輩の受け売りですけれど。

「香取君の将来が楽しみ」と思う桜井先輩でした。

まとめ

クレーン作業の安全管理は、事前の準備と確認が重要。

34 自主検査

　受電も完了し、香取君は機器の動作検査をしています。戸数があるので、住戸ごとにチェックシートを作成し、記録を残しています。

職長：ちょっと手が空いているから、チェックを手伝おうか。

香取：ありがとうございます！涙が出るほどうれしいです。

由香：受電のときも泣いていたし。

香取：また、それを言う。それでは、居間からお願いします。

職長：居間のバルコニー側のコンセントはOKです。

香取：次は、そちらのコンセントをお願いします。

　香取君は試験結果を確認し、記録を取りながら、次のコンセントを示しました。

職長：こちらのコンセントもOKです。

香取：次は、スイッチの点滅をお願いします。

　由香さんがシーリングに試験用の電灯を差し込み、佐藤職長がスイッチを点滅しました。

由香：こちらのシーリングはOKです。

香取：それでは、キッチンに移動します。

シーリングもチェック！

第3章 完成に向けて 施工管理

香取君はスイッチ、コンセント、盤、TVなどの検査のほかにも、協力業者と火災報知器、非常警報装置のチェック、機械設備の現場代理人の沢村さんと設備関係の動作チェックを実施しています。室内の照度測定をしましたが、非常灯、誘導灯の検査が残っています。後輩の山崎君に手伝ってもらい、実施することにしました。

香取：山崎君、夜にデータ取りを手伝わせて悪いね。

山崎：建物を停電状態にしなければいけないので、だれもいない夜になってしまうんですね。

香取：今いるとしたら、幽霊くらいかなぁ。

山崎：やだなぁ、脅かさないでくださいよ～。

香取：非常用照明は、照度測定表の作成とバッテリーの測定をしなければならないけれど、何のためにあるかは知っているよね？

山崎：非常用ですから、非常時のためですね。

香取：まあ正解としておくとして、火災などで停電になったときに、避難したり救助したりするためだよ。これから測定するんだけれど、どのくらいの時間、どのくらいの明るさがあったらいいのかな？

山崎：う～ん、少なくとも逃げる間は必要だから、20～30分ですか。

香取：いい線ついたね。初期避難のために30分間点灯で、照度は1ルクス以上なんだよ。それじゃ、誘導標識、誘導灯はどんな目的？

山崎：火災などで避難を誘導するため。

香取：法令で設置基準があるけれど、実際に避難する人の立場で、避難方向がわかるかどうかが重要なんだよ。

山崎：誘導標識は曲がり角や階段室の出入り口にあるけれど、そんな理由だったのかぁ。

香取：それじゃ、最上階から照度測定しながら、降りてくることにしよう。

〔非常灯と誘導灯の基準の例〕

項　目	非常灯 （非常用照明器具等）	誘導灯
関連法令	・建築基準法第8条 　第1項 ・建築基準法施行令 　第126条の5 ・昭和45年建設省 　告示第1830号など	・消防法第17条 　第1項 ・消防法施行令 　第26条 ・消防法施行規則 　第28条の3など
非常時 点灯時間	・30分間点灯 　（または60分間）	・20分間 　（または60分間）
照　度	・非常時点灯 　30分間非常点灯した後で、水平面照度1ルクス以上（蛍光灯の場合は、2ルクス以上）	・常時点灯 　階段又は傾斜路に設ける通路誘導灯にあっては、踏面又は表面及び踊場の中心線の照度が1ルクス以上

㉞自主検査

会社から遠山部長、桜井先輩が来て、社内検査を実施します。香取君は、この日に向けて日々自主検査を進め、書類を整備してきました。その成果が問われるときです。

 部長：まずは、香取君が作成した書類を見せてくれ。

 香取：こちらに用意してあります。

書類審査を終えて、部長、桜井先輩、香取君は現場へ向かいました。エレベータで最上階まで行き、屋上からスタートします。

 部長：避雷針の保護範囲から見ると、設備のハト小屋がはみ出していないか？

桜井：確かに、ぎりぎりな感じがするわね。

 香取：え！？後でチェックしておきます。

 **部長**：ほかの現場でだが、太陽光発電設備が避雷針の保護角からはみ出していて、手直しになったケースもあるから、注意が必要だな。

桜井：キュービクル、設備機器、盤なども対象よ。ほかには、避雷針の導線とガス管の隔離距離の指摘の例があるから注意してね。

屋上から階段を降りて、最上階の廊下を歩いています。

 部長：共用部の天井照明も通りよく設置されているな。

桜井：壁のインターホンもいいようね。

 部長：EPSも清掃されているようだ。それでは、各戸を見てみよう。

部長、桜井先輩、香取君は、最上階の一番端の部屋に入りました。

桜井：最初の部屋のできばえの印象が、検査では重要なのよ。

 部長：そうだな。竣工検査は上階から降りてくることが多いから、建築屋さんも最上階の仕上げには気を使っているはずだよ。

桜井：室内分電盤やスイッチに、きちんと表示が入っているわね。

避雷針

香取：部屋数が多いので、結構大変でした。

第3章 完成に向けて 施工管理

〔室内分電盤と行先表示〕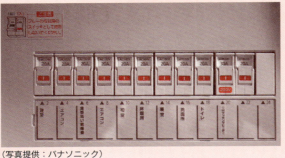 〔スイッチと箇所表示〕

（写真提供：パナソニック）

部長：スイッチが複数ある場合には、使う人のことを考えて、部屋のレイアウトと一致していることが必要だぞ。

桜井：今さらだけれど、スイッチは使い勝手を考えた位置にね。

香取：その辺は、施主の厳しいチェックもありましたから、大丈夫です。

部長：ダウンライトは熱を出すから、安全性を確認しないとな。

桜井：天井点検口から天井内をチェックしましょう。

最初の部屋は、入念にチェックしました。後は使い勝手などの機能面と、住む人の安全面を中心に、各部屋を順次見ていきました。最後に電気室、管理人室など、1階をチェックしました。

部長：増締めマークはできていたな。

桜井：避雷針の保護範囲の確認と、管理人室の盤のパテ埋めの忘れがあったから、対応をしておいてね。

香取：はい、わかりました。

部長：香取君は現場代理人としてよくやってくれた。この現場でずいぶん成長したなぁ。

香取：桜井先輩のおかげです。

桜井：如才（じょさい）なく先輩を立てることも学んだのね。

香取：今日はどうもありがとうございました。

**まとめ**

しっかりと自主検査を行うことによって、管理の品質をアピールすることもできる。

35 諸官庁検査及び竣工検査

●元請検査
　最初の検査は、元請検査です。元請から設備・電気の専門担当者の原田さんが来ています。会社側からは応援に桜井先輩が来てくれました。名刺交換も終えて、検査を開始します。

原田：最初は書類検査から実施しますので、各書類を見せてください。

原田：書類の確認が終わりましたので、現場検査に移ります。建物は作ることが目的ではなく、長い期間そこで快適に生活していくことが目的です。施設の運用、生活者の安全や活用、長期的な維持管理といった視点も考えながら、検査をしていければと思います。
　電気室で増締め、トランスの温度などを確認しています。

香取：自主検査書類はこちらになります。

　元請から求められている書類を一つひとつ確認しました。

原田：あそこを見てください。ケーブルがコンクリートの角に当たっています。長期的に見たときに、ストレスがかかって被覆の劣化を進めてしまうので、クッションを入れてもらえますか。

香取：承知いたしました。

　また、EPS でも指摘を受けました。
原田：配線が束ね過ぎになっています。熱が拡散するように、各配線が空気に接するようにしてもらえますか。

香取：はい、手直しします。

　元請の完了検査が終わった後で。
桜井：指摘事項がいくつかあったわね。対応策の話をしましょう。

香取：よろしくお願いします！

●消防検査
　電気工事では、消防検査は大きなハードルです。中間検査を実施した検査官が来ています。最初に現場事務所の会議室で、中間検査結果への対応、その後の設計変更の有無、本日の消防検査の進め方など確認しています。

検査官：それでは、中間検査の議事録の確認から始めます。
中野：中間検査では、防火区画貫通部分の充填(てん)不足の指摘があり、これが是正写真です。防火区画貫通部分について、各住戸すべてをチェックし、隠ぺい部分の写真も撮っております。こちらがそれらの資料です。
　検査官は資料を一通り見てから。
検査官：結構です。それでは建築と設備・電気に分かれて、現場検査に移りましょう。

137

第3章 完成に向けて 施工管理

〔消防提出書類の例〕
- 電気設備設置届出書
- 消防用設備等設置届出書
- 消防用設備等試験結果報告書
  ※変電設備、自動火災報知機設備、非常警報設備、ガス漏れ火災報知設備、誘導灯など

〔消防検査の例〕
- 防火区画
- 受変電設備
- 自動火災報知設備
- 非常警報設備
- ガス漏れ火災報知器
- 誘導灯・誘導標識、などの現場検査

　設備・電気グループの検査官に同行するのは、元請の中野さん、香取君、桜井先輩、弱電業者、設備代理人の沢村さんなどです。

検査官：検査は、消防用設備等設置届出書と照合しながら実施します。試験結果報告書も現地で確認します。これらの書類を作成した消防設備士の方はいらっしゃいますか？

香取：はい、私が消防設備士（甲種第4類）の香取です。

〔消防検査の実施（消防予第283号より一部抜粋）〕
- 検査は、防火対象物に関係者から提出された<u>消防用設備等設置届出書（当該届出書に添付された設計図書、試験結果報告書を含む。）と照合</u>しながら行う。
- 検査は、原則として防火対象物の関係者及び試験結果報告書を作成した消防設備士等の立会いの上で行う。ただし、設置に係る工事を要さない消火器等の消防用設備等にあっては、当該設備等に係る<u>消防設備士等の立会い</u>をさせないことができる。

　消防設備士や弱電業者など、同行メンバーを確認し、さらに検査対象で班分けをして現場へ移動しました。各住戸や共用部を回りながら、機器の表示マークや取付け状況の確認、実際に作動させて動作確認をしていきます。

検査官：各部屋の自動火災報知設備の試験をしてください。

　場所を移動して。

検査官：誘導灯の電源を落としてください。

　建物を一通り巡回し、設備・電気グループはマイナーな指摘だけで終了できました。

●建築確認検査

　建築確認検査は、確認申請通りに建物ができていることを判定する検査です。この検査に合格して、検査済証が交付されます。検査に不合格となり検査済証が交付されないと、不適格な建物と判断されてしまいます。

　建築確認検査で電気工事に関連するものは、防火区画の貫通部分、防火戸の感知器連動、非常用照明、雷保護設備などがあります。防火区画の資料、非常用照明の測定データ、雷保護設備の接地抵抗値と写真などの記録を提出しました。

　書類審査も終わり現場検査へ移って、検査員は屋上の避雷針を見ています。

検査員：避雷針の保護角度内に設備のハト小屋が入っていますか？

〔建築確認申請機関検査〕
- 防火区画の貫通部分の処理
- 防火戸の感知器連動試験
- 非常用の照明装置・照明設備
- 避雷設備、接地抵抗値、など

香取：保護角度内に入っています。こちらに詳細図があります。

香取君は「社内検査の指摘で、詳細図を作成しておいてよかった」とホッとしました。階段室の防火扉の所で、動作試験を指示されました。電気工事についての指摘はなく、建築確認検査は終了しました。

●施主検査

施主検査は現場において、大イベントになります。班編成をして施主検査を実施しますが、1時間あたり2住戸の完成検査ができるとすると、6時間で12住戸です。1日では10住戸〜15住戸/班になり、香取君の現場は約100住戸の分譲マンションなので、8班となりました。そのほかに共用部の班、設備・電気の班が加わり、10班で計画しています。

ライト不動産（施主）の森下課長と検査員、ちはや設計事務所の白鳥先生、築城建設（元請）の北川所長、中野主任、設備・電気担当の原田さん、元請の関係者や検査立会い者、碧水設備工業の現場代理人沢村さんと関係者、香取君の会社からは、営業担当の森さん、遠山部長も来ています。

北川所長から挨拶があり、続いて中野主任から配付した資料に基づいて、スケジュール、班編成などの説明がありました。そして、各班の元請担当者のリードで、施主検査を開始しました。

原田：共用部の班が屋上から検査しますので、設備・電気班はぶつからないように1階からスタートしますが、よろしいですか？

施主検査員：いいですよ。エントランスから順次見ましょうか。

エントランスへ移動し、照明や機器類の外観をチェックし、その後も建物を移動しながら機器の外観検査、動作検査を行い、施主検査を無事終了しました。

香取：やっと一連の検査が終わりました。

部長：あと、もう一息だ。

香取：「最後まで気を抜かずに行こう！」ですね。

まとめ

検査を一つひとつクリアすれば完成は近い！

第3章 完成に向けて 施工管理

36 引渡しと新たな出発

香取君は会社で設計図面を修正したり、引渡し書類を作成したりしています。

桜井：引渡し書類を作成しているの？もう後は、消化試合をするような感じかしら。

香取：はい、達成感をかみしめながら、最後のまとめをしています。

桜井：でものんびりとはいかないわよ。もう次の現場の予定もあるようだし。

香取：え〜っ、そんなこと聞いてませんよ。

桜井：引渡し書類の進捗はどうなの？

香取：達成率70％、というところです。

桜井：引渡し書類の納品はいつなの？

香取：来週の水曜日に元請の築城建設に持っていく予定です。

桜井：結構大変ね。

香取：最後まで全力投球です！

〔引渡し書類の例〕

- 竣工届
- 完成図書
  （変更を反映した設計図書、盤図、各種機器完成図など）
- 官公庁届出書類
- 各種機器等試験成績表、検査報告書
- 連絡先一覧表
  （協力業者、納入業者一覧表）
- 各種保証書、取扱い説明書、取扱い説明申送書
- 備品・工具リスト
  （ヒューズ、ランプ等の設計図書に指定されたもの、電気室の備品、遮断器のリフターなど）
- 鍵引渡し書、など

元請の中野さんから、管理会社向けの説明会の依頼が来ています。1時間半のスケジュール表の中で、香取君の分担も決められています。屋上から降りて来て、1階の外構と機械室等を回り、最後に1階管理室を説明する順序です。

当日、管理会社の管理人とその上司、中野さん、設備の沢村さん、香取君が挨拶を交わして、説明会はスタートしました。

中野：それでは屋上から説明していきますので、屋上へ移動しましょう。

屋上から各階の共用廊下、パイプスペースと1階まで降りてきました。

香取：外構の街灯は、タイマーで点灯消灯が設定されています。日没の時間によって、設定を変える必要があります。その使い方は、・・・。

また、香取君は機械室で制御盤の説明をしています。

香取：異常が発生して、サイレンが鳴ったときには、・・・。

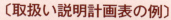

〔取扱い説明計画表の例〕

日　程	順　路	所用時間	説明対象	説明項目
13：30	屋　上	10分	避雷針 TVアンテナ	位置の確認 アンテナの説明
13：40	各階共用廊下	10分	パイプスペース	PS内部の確認
13：50	機械室	15分	揚水ポンプ 警報装置	制御盤の説明

＊引渡し後の保守管理用として、会社のルールに従って、完成図書や業者リスト、施工図、施工計画書、施工記録などを会社で保管管理します。また、原価管理報告書(現場決算書)など、会社が求める提出書類もあります。

　会社への提出書類も整ってきたので、遠山部長は香取君の現場について、「振返り会」を開催することにしました。遠山部長、桜井先輩、香取君が会議室に集まりました。

部長：それでは、振返り会を始めよう。この会の目的は、会社への提出書類を確認することと、現場全体を振り返ってそこから学ぶことだ。

桜井：懺悔(ざんげ)の会じゃないから、安心してね。

香取：「失敗は成功のもと」と言いますから！

部長：まず、工程管理はどう評価する？

香取：桜井先輩のアドバイスもあって、元請と交渉しながら工程調整ができたと思います。

桜井：建築の工程に合わせるだけでなく、先を読んで要望することが必要だったわね。

部長：実績歩掛りはどうなった？

香取：工程表に実績を書き込んだ実績工程表を作成しました。これによると、当初の人工(にんく)計画よりも前倒しになりました。

桜井：工程調整ができた裏付けね。

部長：実績工程表は参考になるから提出しておいてくれ。原価はどうだった？

香取：こちらの原価報告書を見てください。現場経費がオーバーしましたが、外構工事がコスト減になって相殺(そうさい)され、努力の甲斐があって約2％の利益を残せました。

桜井：現場経費のオーバーは、香取君の残業代ね。

部長：残業した分の費用対効果は十分に出たから、頑張ったところは認めよう。

桜井：夜遅くまで準備していたこともあったわね。

香取：ちゃんと見ていてくれたんですね！

部長：原価報告書以外に精算はないのか。

香取：ここに記載されたもので、すべてです。

部長：品質管理はどうだった？

第3章　完成に向けて 施工管理

香取：え〜と、多少の手戻りがありましたが、なんとか納まりました。

桜井：どんな手戻りだったの？

その後、香取君の反省がしばらく続きました。

〔原価報告書（現場決算書）の例〕

収入の部		支出の部	
項　目	金　額	項　目	金　額
①請負金 　本工事 　追加工事		③既注文金 　稟議書金額・増減額	
		④未注文金	
②実行予算 　本工事 　追加工事		⑤機材損料	
		⑥社員給料	
		⑦支給品振替	
⑧工事決算金	②実行予算－（③〜⑦の合計）		
粗利益	①請負金－⑧工事決算金		
粗利率	（⑧工事決算金÷①請負金）×100		

＊この帳票を表紙として、各項目の内訳一覧表が添付されます。

建物引渡し後1年目と2年目に、元請による建物の定期検査がありました。久々に中野主任や設備の沢村さんと再会しました。そしてさらに3年が経過し、引渡しから5年が経ちました。ある日、香取君は遠山部長に呼ばれました。

部長：初めて現場代理人をすることになった木村君のOJTリーダーを頼みたいのだが、どうだろうか？

香取：はい、自分も初めて現場代理人になったときには、OJTリーダーの桜井先輩にずいぶんとお世話になりました。今度はOJTリーダーとして後輩を指導します。

部長：香取君も頼もしい現場代理人になったなぁ。

香取：（自信に満ちた顔で）任せてください！！

数日後、遠山部長と木村君の打合せのあとで。

部長：香取君ちょっと来て。OJTリーダーの香取君だ。

木村：よろしくお願いします！

香取：ハハハ、よろしく、元気のいい社員はいいね。

木村：元気だけは僕のとりえですから。

香取君は、初めて現場代理人になったときのことを、懐かしく思うのでした。

まとめ

引渡しの準備では、引渡し書類の作成、引渡し前の説明会、会社に提出する書類の作成などを行う。

〈著者略歴〉

志村　満（しむら　みつる）

1978年に東海大学工学部建築学科卒業，中堅ゼネコンで現場代理人として建築工事に従事する．1989年よりデベロッパーにて工事監理と土地事業化などに従事し，1994年から日本コンサルタントグループにて，現場代理人研修，階層別研修，人材育成制度づくり，人事評価制度づくりなど，建設業に特化したコンサルタントとして活動後，現在は志村コンサルタント事務所で建設業向けの様々な研修，建設業の各種制度づくりなどのコンサルタントとして活動している．
　一級建築士，一級建築施工管理技士

著書：「建築工事担当者のための施工の実践ノウハウ」，「建設現場技術者のための施工と管理・実践ノウハウ（共著）」オーム社刊
　　　「建設工事担当者の『現場管理力』養成読本」，「建設業のための部下育成・評価読本」，「現場代理人のコミュニケーション養成読本（共著）」，「建設業の実践ＯＪＴ読本（共著）」以上，日本コンサルタントグループ刊
　　　「建築工事施工管理の極意」，「建設業・コスト管理の極意（共著）」以上，日刊建設通信新聞社刊
　　　「安全活動にカツを入れる本（共著）」労働調査会刊，他多数

- 本書の内容に関する質問は，オーム社雑誌部「（書名を明記）」係宛，書状またはFAX(03-3293-6889)，E-mail(zasshi@ohmsha.co.jp)にてお願いします．お受けできる質問は本書で紹介した内容に限らせていただきます．なお，電話での質問にはお答えできませんので，あらかじめご了承ください．
- 万一，落丁・乱丁の場合は，送料当社負担でお取替えいたします．当社販売課宛お送りください．
- 本書の一部の複写複製を希望される場合は，本書扉裏を参照してください．
  JCOPY ＜(社) 出版者著作権管理機構 委託出版物＞

現場がわかる！電気工事 現場代理人入門
─香取君と学ぶ施工管理のポイント─

平成28年9月23日　第1版第1刷発行

著　者　志村　満
発行者　村上和夫
発行所　株式会社　オーム社
　　　　郵便番号　101-8460
　　　　東京都千代田区神田錦町3-1
　　　　電話　03(3233)0641(代表)
　　　　URL　http://www.ohmsha.co.jp/

© 志村　満 2016

組版　アトリエ渋谷　　印刷・製本　日経印刷
ISBN 978-4-274-50631-4　Printed in Japan

あの「電太と学ぶ 電気工事 初歩の初歩」が一冊の本になりました！

現場がわかる！電気工事入門
―電太と学ぶ 初歩の初歩―

好評発売中！

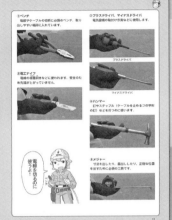

■「電気と工事」編集部 編
■B5判／128頁
■本体1,500円（税別）
ISBN 978-4-274-50364-1

主要目次
1. 電気工事の仕事を知ろう！
2. こんなことまでやってる電気工事
3. 完成に向けての仕上げ工事
4. 電気工事、腕の見せ所！

追加コラムで充実の内容！初心者・学生にぜひ。

Ohmsha

現場でチェック！ 初めての工事がスムーズに！

電気工事 現場チェックの勘どころ
ポケットハンドBOOK

■(株)きんでん編
■B6変判／146頁
■本体1,700円【税別】
ISBN 978-4-274-50558-4

（株）きんでんの現場代理人による長年の現場ノウハウをポケット版とコンパクトにまとめました。初めて工事を取りまとめるときも携行しておけば、現場の休み時間、通勤時間‥‥とどこででもチェックが可能。一つ上の技術を素早く身につけることができます。現場代理人初心者が、必ず"身につけておきたい"一冊です。

Ohmsha